رحلة في صحبة التنين

يوميات صحفي مصري في الصين

تأليف: محمود سعد دياب

دار النشر باللغات الأجنبية

الطبعة الأولى عام ٢٠٢٢

ISBN 978-7-119-12900-6

الناشر: دار النشر باللغات الأجنبية (شركة محدودة)

٢٤ شارع باي وان تشوانغ، بكين، الصين

الرمز البريدي: ١٠٠٠٣٧

http://www.flp.com.cn

Email:flp@CIPG.org.cn

التوزيع: الشركة الصينية العالمية لتجارة الكتب

٣٥ شارع تشه قونغ تشوانغ الغربي، بكين، الصين

الرمز البريدي: ١٠٠٠٤٤

ص. ب ٣٩٩، بكين، الصين

طبع في جمهورية الصين الشعبية

مقدمة

عندما حلقت طائرة "مصر للطيران" في عنان سماء بكين عائدة إلى القاهرة، انتابتني أحاسيس مختلفة ما بين شوق ولهفة وحنين إلى الوطن بعد عام تقريبًا قضيته خارج بلادي للمرة الأولى في حياتي، حنين إلى أهلي وعائلتي، أولادي الأربعة وزوجتي، الأكلات المصرية الشعبية التي افتقدتها طوال تلك المدة مثل الفول والطعمية والكشري والعدس والملوخية وخلافه، والتي لم أتذوقها إلا مرات بسيطة في فعاليات نظمتها السفارة المصرية ببكين أو في مطعم يقدم سندوتشات الطعمية الساخنة في "سوهو مول" بمنطقة سانليتون المميزة وسط العاصمة الصينية.

كانت رحلة الصين في العام ٢٠١٩ هي الأطول في حياتي، وربما في حياة كثيرين، ولأنني لست الأول في الكتابة عن الصين، فلقد حاولت عزيزي القارئ أن أقدم بين دفتي هذا الكتاب، ما تبحث عنه وسبر أغوار الصين أو أستطيع التعبير عن مكنون صدري بما شعرت به وعايشته، لكنني أعدك أنك ستعيش تجربة ستكون مفيدة وممتعة وشيقة في بعض الأحيان عن الصين، ذلك الكوكب الذي لا يعرف عنه الكثير من معظم القراء العرب والمصريين،

سوى أنها مصنع العالم وأكبر منتج للتكنولوجيا والموبايلات وأن أهلها يمارسون رياضة الكونغ فو، محاولا سرد يومياتي خلال ٣٠٠ يوم في العاصمة بكين والمدن الأخرى.

وسأتحدث عن رحلات رائعة في جميع أنحاء الصين، ثم تفاصيل حياتي ومعاملاتي ومن خلالها عزيزي القارئ وعبر التسلسل الزمني سوف أسرد كيف استكشفت الشخصية الصينية، وأرجو أن تلتمس لي العذر إن لم أوفق في نقل بعض الجوانب التي عشتها ومررت بها أو إن نقل صورة أو فكرة قد تتعارض مع آرائك أو تصوراتك عن الصين.

في نهاية ديسمبر ٢٠١٨، عندما كنت أتحدث مع اثنين من مسئولي السفارة الصينية بالقاهرة، سألاني سؤالا مباشرًا: ما الذي يستهويك لكي تقبل زيارة الصين وتقضي فيها سنة تقريبًا؟ حقيقة لم يكن السؤال مفاجئًا لي، بدون تردد قلت لهما إنني مهووس باستكشاف الشخصية الصينية تلك الشخصية التي صنعت حضارة عمرها يمتد لأكثر من ٥ آلاف عام، مهووس باستكشاف الجوانب الثقافية في تلك الشخصية، كيف تفرح، كيف تحزن، كيف تحب وتتزوج، كيف تعمل؟ بالإضافة إلى أنني منذ الصغر وأنه مولع بالتاريخ وحكايات وثقافات الدول أصحاب الحضارات مثل مصر والصين وبلاد الرافدين والهند، وهي إجابة أدهشت كلاهما فقالا لي إن معظم من سبقوك كانت إجاباتهم مختلفة منهم من تحدث عن رغبته في معرفة سر النمو الاقتصادي أو الجوانب السياسية،

فاجأتهما مرة أخرى عندما قلت: عذرًا فإن فهم الشخصية الصينية عاداتها وتقاليدها وتطورها عبر الزمن أكبر مدخل لفهم الجوانب الاقتصادية والسياسية وباقي الجوانب، فكل منها من صنع الإنسان الصيني ذلك الشخص المسالم الذي لم يخض يومًا حربًا إلا مدافعًا عن أرضه وليس غازيًا لدولة أخرى، وهي ثقافة أو لنقل تقليد يسترعي الانتباه خصوصًا وأنه مستمر حتى الآن رغم قوة الجيش الصيني وتنوع أسلحته المتطورة والمتقدمة تكنولوجيًا.

قبل أن أسافر إلى الصين لأول مرة، كان بداخلي انطباعات عديدة منها الخاطئ والصحيح، ولكن الخاطئ كان أكثر نظرًا لما هو منتشر في الميديا الغربية وحتى بعض العربية، من موضوعات تقول إن معظم الصينيين يأكلون الكلاب والقطط والحشرات وكل ما هو يمشي على الأرض، سألت نفسي سؤالا: كيف أستطيع أن أعيش في هذه الأجواء وأتناول ما يأكلونه؟ قلت لنفسي بالتأكيد هناك مسلمون في الصين ويتناولون طعام حلال، زيادة في الاحتياط وضعت لي زوجتي بعض علب التونة وخبز وجبن أبيض لكي تكون لي عونًا إذا اضطررت لذلك، الطريف أنني عدت بنفس العلب وألقيت بالخبز بعدما تعفن وأنا عائد لمصر لأنني لم أحتج إلى ذلك الطعام بعدما اكتشفت كم هو شهي ولذيذ طعام في الصين.

ومعًا نبدأ الحكاية!

الفهرس

الباب الأول: أول لقاء مع بكين

الفصل الأول: السفر آلاف الأميال خير من قراءة آلاف الكتب

وفي نهاية شهر ديسمبر عام ٢٠١٨ كنت أحضر احتفالية أقامتها السفارة الصينية بمناسبة افتتاح مركز قنصلي كبير جديد يتناسب مع حجم الإقبال من المصريين على نيل تأشيرة السفر إلى الصين بغرض التجارة والدراسة وخلافه. فقابلتني هناك السيدة "فاطمة" (هذا اسمها العربي) مسئولة المركز الإعلامي بالسفارة وفاجئتني بهدية كانت هي الأغلى في حياتي، قالت: سيد "محمود" أنت مرشح لكي تشارك في برنامج المعايشة في الصين لمدة عام، أمامك يومان لكي تفكر وترد عليّ، حقيقة المفاجأة عقدت لساني ولم أستطع الحديث إلا أن قلت لها: سأفكر ان شاء الله.

خرجت من هناك والفرحة تتقافز في عيني فأنا سأعود إلى الصين مرة أخرى، فرحة مصحوبة بقلق وتساؤلات مثل: هل سأستطيع ترك أسرتي لمدة عام؟ وكيف سأتصرف مع مؤسسة الأهرام؟ فأنا موظف رسمي هناك وليس صحفيا فقط، اتصلت بزوجتي فرفضت وقالت لي: كيف تستطيع أن تبتعد عنا كل هذه

المدة؟ وبعد نقاش طويل قالت: إفعل ما تراه صالحًا لمستقبلك، وكانت نفس العبارة التي نطقها والدي منذ بداية حديثي معه رغم أنه لا يطيق أن يبتعد أحد أولاده عنه، لقد عشت أنا وزوجتي "مها" طويلا حياة تمزقها جغرافيا مُفرِّقة، فكنت أقضي الأسبوع كله بالقاهرة لظروف العمل وأعود يوم الجمعة فقط لأقضيه معها والأولاد، وحتى يوم الجمعة لا يكون خالصًا لهم فدائمًا هناك عمل يجب أن أنهيه على جهاز الكومبيوتر، وفكرت أنه بابتعادي هذا قد نضيع وكيف أتركها تواجه الصعاب مع أربعة أولاد؟

وبعد تفكير طويل وعدم حصول أسرتي على حقها كرب لها منذ أن تزوجت قبل عشر سنوات من وقت تلك السفرة، رأيت أيضًا أنه سيكون من الصعب ترك والدي وهما مريضان وإذا حدث مكروه لن أستطيع أن أكون بجوارهما، في نهاية اليوم اتصلت بالسيدة فاطمة وفي نيتي الاعتذار، فقلت لها: سيدتي الفاضلة أشكركم على العرض وأعتقد أنه سيكون من الصعب ترك أسرتي طول تلك المدة، فقالت لي: سيد محمود إن السفارة كسرت تقليد متبع منذ السنة الأولى للبرنامج عام ٢٠١٤، ورشّحتْك بشكل مباشر عكس من سبقوك من صحفيين أفاضل كانت مؤسساتهم تختارهم بناءًا على طلب من السفارة بترشيح أي شخص يعمل بالمؤسسة، وهذا لأننا نقدر عملك واجتهادك. في الواقع لقد نجحت في وضعي بموقف محرج ولم أستطع أن أرفض العرض،فطلبت منها أن تبدأ في الإجراءات وترسل خطاب الترشيح لرئيس مجلس الإدارة،

ضد الصين كوسيلة تعادل بها الميزان التجاري الذي كان يميل للصينيين، وفيما بعد شنت حربًا بتحالف دولي قادته واقتحمت العاصمة بكين وعبثت بالقصر الإمبراطوري ونهبت محتوياته وفي مقدمتها تماثيل رؤوس الحيوانات المعروفة باسم "الأبراج الصينية الاثنا عشر" (سيرد ذكرها لاحقًا وتجربتي معها في القصر الصيفي ببكين)، وفي الطريق قتلت آلاف الأبرياء بالبارود الذي اخترعه الصينيون، والذي كانوا يستخدمونه فقط في صناعة الألعاب النارية والمفرقعات المستخدمة في الاحتفالات الكثيرة التي نظمها الصينيون منذ قديم الزمان في الأعياد والمناسبات التقليدية، حتى استخدم أباطرة أسرة سونغ الملكية (٤٢٠ - ٤٧٩م) (في فترة الأسر الجنوبية) الكيمائيين الذين تشردوا ودُمرت معاملهم خلال فترة الفوضى بنهاية حكم أسرة جين الشرقية (٣١٧ - ٤٢٠م)، وبدأ استخدام البارود لإخضاع المتمردون وفرض الاستقرار، وازدهرت صناعة الأسلحة المزودة بالبارود وكانت هناك مصانع كبيرة بالمدن المختلفة لإنتاج الأسلحة، إلا أن الصينيين لم يستخدموها لغزو دول الجوار، ويشهد التاريخ الصيني كله أنه لم يحدث أن قام إمبراطور صيني بشن حملات لغزو إحدى دول الجوار إن العقلية الصينية عبر التاريخ لم تتطرق لفكرة الغزو وإنما السيطرة على الاستقرار وفرض حكم الإمبراطور على كافة الأراضي الشاسعة، تلك الأراضي التي جعلت هناك اكتفاء ذاتي من كل شيء، فلم يكن هناك هدف للغزو والاعتداء على دول الجوار، وبناءًا عليه ظلت أمة مسالمة يُعتدى عليها من بريطانيا وفرنسا في البداية ثم ألمانيا والبرتغال ثم روسيا

القيصرية واليابان.

"إن العالم الذي نعرفه هو عالم تعيد تصويره لنا وسائل الإعلام وهو عالم ليس حقيقي"، أخذت تلك الكلمات للمفكر الأمريكي الفلسطيني "إدوارد سعيد" ترن في أذني وأنا أتطلع شيئًا فشيئًا لاستكشاف العالم الصيني الغامض، ذلك العالم الذي تصوره وسائل إعلام غربية على أنه عالم يسيطر عليه العسكريون، ومنذ بداية عملي كصحفي كانت تمر أمام عيني تقارير غربية عادة ما تكون سلبية تظهر ميدان "تيان آن من" (بوابة السلام السماوي)، وفيه جندي يقف وخلفه صورة الزعيم "ماو"، وحتى تلك التي تتحدث عن المسلمين في شينجينانغ أو تلوث البيئة، كلها لا بد أن يظهر فيها شخص يرتدي زيا عسكريا، وقتها تصورت أن الصين نظام شمولي يزرح مواطنيه تحت رحمة الجيش، وإذا ما تناولت عرضا عسكريا ضخما تصفه بأنه تهديد للجيران، وإذا تحدثت عن الشعب الصيني فإنهم همجيون متخلفون فكريًا يأكلون كل ما يمشي على الأرض أو يطير في السماء أو يعوم في البحر، ومشروع الحزام والطريق فخ ديون لإغراق الدول النامية ومن ثَم التحكم فيها، وتطبيق "تيك توك" برنامج تجسس ومراقبة، ومراكز كونفوشيوس رمز لاستعمار ثقافي، كل ذلك فهمته عندما زرت شينجيانغ وعرفت أنها طريقة لصناعة العدو مشابهة لخطط "بول غوبلز" وزير الدعاية الألماني في عهد النازي "أدولف هتلر"، وهي "إكذب ثم إكذب حتى يصدقك الآخرون"، فبالتأكيد هناك تخوف من صعود الصين

ونموها واقتطاعها لجزء من سيطرة الغرب على التجارة والاقتصاد العالميين، ولأن هناك مثلا صينيا يقول "إقرأ ألف كتاب وسافر ألف ميل وميل" فقد قررت أن أستكشف بنفسي وأحاول استجلاء حقيقة الأمر ليس كما رُسم لي ولزملائي من الدول الإفريقية والآسيوية من برنامج زيارات ومقابلات، ولكن بأن أغوص في عمق المجتمع الصيني بنفسي، وأتحقق بعد القراءة من صحة المعلومات أو زيفها.

الفصل الثاني: أهلا بكين

شهرين وأنا أسير في الإجراءات البيروقراطية الحكومية المعتادة في مؤسسة الأهرام حتى حصلت على الموافقة، وسريعًا حانت لحظة السفر إلى بكين مساء يوم ١٩ فبراير ٢٠١٩. هناك كان الاستقبال حافلا ففي مكتب المركز الصحفي الصيني الإفريقي بالعمارة رقم ٤ استقبلني السيد "تشانغ شيانغ هوا" مدير المركز الصيني العربي بالمركز الصيني للتبادل الصحفي الدولي. كان يتحدث العربية بطلاقة وقال لي إنه زار مصر أربعة مرات وقرأ رواية "أولاد حارتنا" للأديب المصري العالمي "نجيب محفوظ"، وأخذني من يدي لإحدى غرف المكتب وقال: هذا المكتب اعتبره بيتك، إذا واجهت أي صعوبة اتصل بنا في الليل أو النهار وهو مفتوح لك ولزملائك في أي وقت، وأشار إلى دراجة سماوية اللون قائلا: هذه الدراجة كانت لزميلك من مصر "هاني محمد كامل" الصحفي

بصحيفة اليوم السابع، وكان مشاركًا في البرنامج عام ٢٠١٦، وعندما عاد إلى مصر تركها لمن يأتي بعده كي يتحرك بها في بكين وأنت عليك تسليمها للمكتب قبل عودتك إلى مصر كي يستفيد بها من يأتي بعدك، شعرت بالفخر لأن زميلي من مصر فعل ما لم يفعله أحد من المشاركين من دول وقارات العالم الأربعة، وطلبت تأجيل استلام الدراجة لحين استقراري في الإقامة، وقلت له: سيد "تشانغ" أنت أول أخ لي هنا في بكين، فقد تركت أخي "لي دونغ" الدبلوماسي بسفارتكم بالقاهرة وكنت أشعر أن الغربة قد تقتلني هنا، لكنني وجدتك مثله تمامًا غير متكلف وبسيط في التعامل مثلما نقول في مصر "عِشَرّي" يعني تحب الاختلاط بالناس، فقال لي: إذن اسمح لي أن أناديك من الآن بـ"أخي محمود" وبالمناسبة الجميع هنا ستجدهم مثلي كما أن السيد "لي دونغ" هو صديقي أيضًا وأخي الأكبر.

لحظي الحسن كانت شقتي في الدور الثالث عشر بالعمارة رقم ٥ المجاورة للبوابة القريبة من محطة مترو الأنفاق، أمام العمارة كانت هناك "تشريفة" في انتظاري مكونة من ستة من جنود الجيش الصيني الذين يعملون كأفراد أمن في الكومباوند، ساروا أمامي بخطوات عسكرية وكأنهم يستقبلون رئيس أو مسئول أجنبي من الفناء الواسع أمام عمارة مكتب المركز الصحفي، وحتى العمارة التي اختاروها لي، كنت أسير خلفهم وخلفي "فلورا" ثم شخص منهم تطوع بحمل الحقائب، وأمام العمارة قدم كبيرهم باقة ورد

كبيرة لي وطلبت "فلورا" التقاط صورة تذكارية لتخليد تلك اللحظة، في الواقع لقد شعرت أن قلبي طار يرفرف من السعادة ولم أتوقع مثل هكذا استقبال جعلني أشعر بعدم الغربة، بعدها تنحى بعضهم إلا ثلاثة أصروا على اصطحابي للأعلى ويبدو أن مراسم أخرى لا بد أن تتم لكي أتسلم الشقة، صعد بنا المصعد للدور الثالث عشر ودخلت "فلورا" أولا وفوجئت بموظفين من إدارة الكومباوند لحقا بنا وقاما باستعراض محتويات الشقة من أثاث وأدوات مطبخ وخلافه، ووقعت على ورقة تتضمن استلامي هذه المنقولات وتعهدي بتسليمها في نهاية المدة، ثم قدما لي باقة ورد أخرى من الإدارة وتمنيا لي إقامة سعيدة، انتهت مراسم تسلم الشقة وتذكرت بعدها أنني أريد أن أدخن وليس معي "ولاعة"، طلبت من "فلورا" مساعدتي فقالت لي يمكن أن تأتي معي إلى المكتب مرة أخرى وهناك قد نجد واحدة لك، عدنا أدارجنا للمكتب ووجدت السيد "تشانغ" لا يزال موجودًا وعندما عرف طلبي كلف فتاة أخرى اسمها "زكية" أن تصطحبني إلى المتجر القريب، خرجنا تجاه البوابة المجاورة لعمارتي وكان محل مشهور في الصين اسمه "٧-١١" ملاصقًا لها فيه كل شيء وعليه يعتمد الجميع في شراء حاجياته كالوجبات السريعة ولوازم البقالة، سألتها عن سبب اسمها العربي فقالت إنها تدرس اللغة العربية في إحدى الجامعات ببكين، أبديت لها إعجابي وعرضت مساعدتها في أي شيء، شكرتني وهي تختار ولاعة جميلة الشكل وسألت البائع عن سعرها بالصينية كان أربعة يوانات فقط، أخرجت من محفظتي عشرة يوانات، وسألتني إذا كنت أستطيع الدفع عن

طريق "ويتشات"، فأبديت استغرابي وقلت لها إن "الويتشات" تطبيق للدردشة مثل "فيس بوك"، فقالت لا، "الويتشات" أسلوب حياة هنا في الصين.

كلمات زكية أخذت ترن في أذني وسألت نفسي لماذا لا تعتمد بلداننا العربية على تطوير تكنولوجيا الشمول المالي، وسألتها ونحن في طريقنا: أكُل الصينيين هنا يدفعون عن طريق المحمول؟ فقالت: لا يتذكر الناس هنا متى أخر مرة حملوا فيها فلوس نقدية لأنهم ببساطة يستخدمون المحمول لدفع كل شيء من البقالة وفواتير المطاعم والخدمات العامة إلى المواصلات سواء عامة أو خاصة، وأن الشمول المالي مكن الحكومة من السيطرة على جرائم غسيل الأموال وتجارة المخدرات وتدفق الأموال مجهولة المصدر، كما أن أي مواطن يعيش في بكين أو المدن الكبرى لا بد أن يحافظ على بطارية محموله ممتلئة الشحن لأنها لو فرغت سوف يضيع، فهنا تطبيقات كثيرة تعتمد على المحمول مثل تطبيق التاكسي "DIDI" وتطبيقات الدراجات التشاركية وهكذا، فضلا عن التواصل بين الناس أصبح يعتمد على المحمول في كل شيء.

قلت لها إنني لدي حساب على "ويتشات" لكني لست ملمًا بكافة إمكانياته، فقالت إنه برنامج تواصل اجتماعي ظهر لأول مرة عام ٢٠١٢، وكان مجرد برنامج بسيط للمحادثات مثل "واتساب"، لكنه مع الوقت تحول ليستطيع فعل أي شيء لدرجة أنه لا يوجد شخص في الصين يستطيع الاستغناء عنه، فبالإضافة

للوظائف التقليدية كالرسائل ومكالمات ورسائل الصوت والفيديو وإرسال الصور والملفات، وأيضًا نشر "بوستات" تشارك فيها صور وفيديوهات أو حتى كلمات ويراها أصدقاؤك (مزيج من فيسبوك مع إنستجرام)، فإنه يقدم خدمات لا حصر لها أهمها علي الاطلاق خدمة المحفظة الإليكترونية ومنها تستطيع أن تدفع في أي مكان بعدما تربط حسابك على "الويتشات" بالحساب البنكي، سألتها عن إجراءات ذلك الربط، فقالت إنك تستطيع أن تقوم بذلك وأنت في المنزل دون أن تضطر للذهاب إلى البنك أو الوقوف في طابور والحصول على أختام بعدها تستغني تماما عن الفلوس الكاش، وتصبح حرًا في تحويل أو استقبال أموال في محيط العمل أو العائلة أو أن تشتري أي شيء من السوبر ماركت،فكل ما تحتاجه هو مسح "الباركود" (رمز الاستجابة السريع) الموجود عند الشخص الموجود على ماكينة "الكاشير"، أو يقوم هو بمسح للكود الخاص بحسابك، وهذا لا ينطبق فقط على السوبر ماركت لكن أيضًا المطاعم والكافيهات والتاكسيات وحتي الباعة الجائلين بالشارع والمحتاجين يضعون بجوارهم لوحة صغيرة عليها الباركود الخاص بهم وإذا أردت التبرع ما عليك إلا أن تمسحه، وبجرد إرسالك المبلغ ستصله رسالة تنبيه ووقتها سيشكرك، بالإضافة لوجود ابتكارات حديثة مثل "الظرف الأحمر" وهي وسيلة لإرسال هدية مالية مغلفة في ظرف أحمر إليكتروني كأحد طرق تحويل الأموال وذلك بمناسبة عيد الميلاد أو عيد الحب وهكذا.

ودعتني "زكية" أمام العمارة عائدة للمكتب والأفكار تعصف برأسي مما قالته، صعدت للشقة وبدأت أرتب ملابسي داخل الدولاب الكبير، حقًا لقد كانت شقة فاخرة جدًا فيها غسالة ذكية تعمل باللمس وثلاجة كبيرة كذلك وميكرووويف وتلفاز شاشته كبيرة الحجم وسرير واسع وثير وطاقم أنتريه فاخر، لم أستطع النوم تلك الليلة بسبب اختلاف التوقيت ست ساعات إضافية عن توقيت القاهرة، حاولت استخدام هاتفي لكنه كان بلا فائدة بدون إنترنت، وفي المكتب فقط يمكن أن أستخدم الإنترنت من شبكة "الواي فاي" هناك، ظللت مستيقظًا حتى الصباح أقلب بين قنوات التلفاز وبدأت نومي في السادسة صباحًا بتوقيت بكين (١٢ منتصف الليل في القاهرة).

الفصل الثالث: بكين بالألوان

نمت أربع ساعات واستيقظت في العاشرة متجهًا إلى المكتب، وهناك وجدت زملاء جددا. وفي هذا اليوم تسلمنا أول راتب لنا عبارة عن تسعة آلاف يوان عن شهر مارس ونصف فبراير، بعدها اصحبتنا "إيرين" وهي إحدى المساعدات بالبرنامج إلى مكتب شركة المحمول "تشاينا يونيكوم" لكي نشتري شريحة محمول كي يكون التواصل سهلا، بعدها تم إنشاء جروب على ويشات لجميع أعضاء الوفد الإفريقي (٣٤ صحفيا وصحفية من مختلف أنحاء القارة).

خرجت من العمارة وقررت أن أتجول في الكومباوند كان كبيرًا شوارعه مزينة بالأشجار على جانبيه أغصانها متشابكة بالأعلى مكونة خميلة خضراء مزدانة بالزهور لا تنفذ منها إلا أشعة بسيطة من قرص الشمس، حول كل جذع شجرة دوائر من أوراق جافة وخضراء لم تجف بعد قد تساقطت بفعل الرياح الخفيفة وكأنها تؤكد انتماءها بالبقاء حول الجذع ما بين صفراء ذهبية وبنية وخضراء، كنا في فصل الربيع وتساءلت عن أسباب ما كان يقال عن بكين أنها مدينة ملوثة مليئة بالسحب السوداء وهذه المساحات الخضراء موجودة بها ، سألت "إيرين" قبل أن تتركنا فقالت لي: نحن نطلق عليها اسم "بكين الملونة" وبإمكانك أن تتحقق من ذلك، قررت أن أستكشف ذلك بنفسي، فخرجت من الكومباوند إلى حديقة مجاورة اسمها "ريتان بارك" وهناك وجدت الحديقة غنية بمختلف أنواع الزهور والأشجار، حيث أن بكين يقطنها قرابة ٢٠ مليون شخص على مساحة ١٦ ألف كلم مربع تقريبًا، في حين أن القاهرة يقطنها قرابة ٢٥ مليون شخص على مساحة أكثر بقليل عن ٣٠ ألف كلم مربع، لذلك فإن هذا التوسع الأفقي منح الحكومة الفرصة لإيجاد مساحات كبيرة قد تصبح حدائق تمثل متنفسا لأهل المدينة وسط الزحام الشديد والمباني الشاهقة وناطحات السحاب، وفي الحديقة كانت أشجار زهرة الكرز أو "الساكورا" قد تفتحت، وفي ذلك الوقت يخرج الناس إلى الحدائق العامة للاحتفال بتفتح هذه الزهرة وهو تقليد مشترك في الصين واليابان في كرنفال رائع باللونين الأبيض والزهري.

كنت قد حصلت على خريطة مدينة بكين من المكتب فأخرجتها وقررت أن أذهب للحدائق المختلفة وأستكشف أزهار الربيع وأستمتع بمشاهدها البديعة، فذهبت من خلال المترو لحديقة الإمبراطور تشيان لونغ بجوار المدينة المحرمة والتي تحوي هي الأخرى أنواعا وألوانا مختلفة من الأزهار، وهناك تروى أسطورة تقول إن الإمبراطور خلال حكم أسرتي مينغ وتشينغ كان يذهب هناك لتقديم القرابين إلى إله الأرض في الشهر الثاني القمري وشكره على إنعامه على الناس بالسلام والرخاء، هناك رأيت زهرة "التيوليب" المشهورة في مصر تتألق وسط الحديقة بلونيها الأصفر والبرتقالي، بعد شهور ظلت فيها أسيرة الثلوج والطقس البارد، وهي زهرة تم استزراعها في الصين من منطقتنا العربية بأنواعها الـ١٥ ووصل عددها إلى نصف مليون زهرة تجذب أنظار الزوار الصينيين والأجانب، وفي الحديقة يعقد مهرجان للاحتفال بتلك الزهرة كل ربيع، وفي الحديقة الأوليمبية بجوار ملعب عش الطائر تجد ألوانا من نوع آخر على كامل مساحتها البالغة ٣,١٥ كلم مربع، وهي ألوان الطائرات الورقية والبلاستيكية التي يطيرها المواطنون خصوصًا في وقت العطلة الأسبوعية ولعبت دورًا هاما في استيعاب زوار بكين وقت استضافة الأوليمبياد الصيفية عام ٢٠٠٨.

استكملت مشواري إلى حديقة بيهاي على الجانب الآخر من القصر الإمبراطوري بالمدينة المحرمة، وهي أقدم وأروع الحدائق الإمبراطورية الذي يعود تاريخها لأكثر من ٨٥٠ سنة منذ زمن أسرة

جين (١١١٥ - ١٢٣٤م)، دفعت ٣٠٠ يوان واستأجرت واحدًا من القوارب سار بي داخل البحيرة وهو تقليد كان مقصورًا في السابق على الإمبراطور وحاشيته وأقربائه.

رغبت في الذهاب لجميع الحدائق في بكين ولكنني وجدت المهمة صعبة خصوصًا وأن صديقي المصري "هاني محمد كامل" أخبرني أن عدد حدائق العاصمة يصل إلى ١٠٠٠ حديقة تقريبًا بما يعني حديقة لكل ٥٠٠ متر، و"هاني" ترك القاهرة عام ٢٠١٨ وجاء لاستكمال دراسته العليا في إحدى جامعات بكين ودراسة اللغة الصينية، وفيما بعد عمل في شركة تطبيق "TikTok" للفيديوهات القصيرة، لذلك فهو أكثر دراية مني، وهي الحدائق التي تعتبر ملاذًا للناس في أوقات العطلات خصوصًا أكبر حديقة ببكين وهي "تشاويانغ" أو حديقة الشمس على الخط الرابع عشر للمترو بمساحة ٤ كلم مربع، وبها مسارات خاصة للجري كما في حديقة "ريتان" القريبة من مقر سكني.

الفصل الرابع: الرقصة السحرية

أمام حديقة "ريتان" كنت قد رأيت مشهدًا عجيبًا لأول مرة في حياتي، ففي الساحة الكبيرة وجدت عددًا من السيدات العجائز ترقصن على أنغام موسيقى تقليدية قديمة تصدر من جهاز صغير في حجم حقيبة اليد الصغيرة، تقدمهن إحداهن لتقوم

بدور المايسترو وتقلدها الباقيات، لقد كان "رقص العمات" كما عرفت فيما بعد، وهي طريقة رقص تقليدية تشبه "الأيروبكس" منتشرة بين كبار السن في الصين منذ سبعينيات القرن الماضي كنوع من الرياضة والحفاظ على اللياقة البدنية في مواجهة أمراض الشيخوخة المعتادة، وعندما تتجول في أي مدينة صينية يمكنك أن ترى مجموعات من الكهول والمسنين رجالا ونساء ترقص على الأنغام في فضاءات الشوارع وفي الساحات التجارية والمناطق الخضراء في التجمعات السكنية. حيث أصبح رقص الساحات الذي تنظمه "العمات الصينيات" مشهدا مألوفا في جميع المدن الصينية، وفي الصين يطلق الناس على السيدة الأكبر منهم سنًا لقب "العمة" مثلنا في مصر نقول "الخالة" وهو نوع من التراحم واحترام الكبير لا يزال موجودًا في الريف المصري، أما في المدن فإن الحداثة والتطور حولته إلى "طنط" وهي تحريف الترجمة الإنجليزية لكلمة "خالة أو Aunt".

وفي الميادين والساحات قد ترى العمات يرقصن، وحول هذه العادة تدور قصص حب رصدها الأدب الصيني ففي الرواية القصيرة "رقص الساحات" التي أصدرتها دورية "منارات طريق الحرير" للكاتبة "يي ماي"، تجد قصة حب من طرف واحد نشأت بين أحد المتفرجين على تلك الرقصات وسيدة تشارك في الرقص، أعجب الشاب القادم من الريف للمدينة بها وبراعتها في الرقص ثم طار الشال الذي كان ملفوفًا حول رقبتها وهي ترقص دون أن تدري

لكي يلتقطه ويحتفظ به لنهاية القصة محاولًا في كل مرة أن يعطيها الشال لكنها لم تكن تلقي له بالًا وكان هو خجول لدرجة أكبر من خجل الفتيات.

رقص العمات هواية عند السيدات الكبيرات السن وتحرص عليه معظم سيدات الصين سواء بالمدن أو القرى، ويسمى "قوانغ تشانغ وو" ويمكن ترجمتها حرفيًا على أنها "رقصة الميدان العامة"، والرقصات عادة ما تكون بريئة دون أي إيحاءات جنسية أو عناق حميمي أو عاطفي إذا كان المشاركون من الجنسين، إلا أنها تثير غضب البعض لكون الموسيقى عادة ما تكون مرتفعة بشكل قد يمزق طبلة الأذن، ما يزعج شريحة من الناس، لكن الشريحة الأكبر ترى أنه مشهد جمالي فلكلوري يجب تشجيعه، خصوصًا وتظهر البيانات أنه إلى غاية عام ٢٠١٨، بلغ عدد المسنين الذين تتجاوز أعمارهم ٦٠ عاما في الصين ٢٤٩ مليون، وبحلول منتصف هذا القرن، سيبلغ العدد قرابة ٥٠٠ مليون، فيما انخفض عدد المواليد ليصل مستواه الأدنى من إنشاء الجمهورية الجديدة عام ١٩٤٩، ما يعكس بأن الشيخوخة باتت تمثل تحدّيا جديدا تواجهه الصين.

لذلك فإن الرقص يساعد على تخفيف بعض الأمراض المزمنة الشائعة، وأثر ذلك لا يقتصر على نوعية حياة كبار السن فحسب، ولكن يقلل من العبء الاقتصادي الطبي أيضا، فهو أكثر الطرق فاعلية لتحقيق الصحة لجميع الناس، وخلال احتفالات الصين بالذكرى السبعين على إنشاء الجمهورية، كان هناك مجموعة

حظيت بالكثير من الاهتمام، وهي مجموعة "رقص العمات"، حيث لوحن بالشرائط ووجوههن ممتلئة بابتسامة مشرقة، وسرن في ميدان "تيان آن من" وأظهرن للعالم المظهر الجديد للمسنين في الصين، خصوصًا وأنه ليس نشاطًا صحيًا رياضيًا فحسب، ولكنه نشاط ثقافي أيضا ، فمنذ عام ٢٠١٣، عمل المركز الوطني للإدارة العامة للجمباز الرياضي على استخراج العناصر الأساسية والفريدة في كل ثقافة من القوميات الـ٥٦، وقام بادماجها في عملية الترويج لرقص العمات، ونشر الثقافة الوطنية الثرية من خلاله. كما أن له جانبا اقتصاديا أيضًا، حيث يصل حجم هذا السوق إلى ١٠٠ مليار يوان، خصوصًا وأن الأرقام تؤكد أن قرابة ١٠٠ مليون شخص يمارسون تلك الرقصات، وتشير التقديرات إلى أن المبيعات الشهرية للمنتجات الثلاث الرئيسية "الملابس ومكبرات الصوت ومشغل الفيديو" المرتبطة ارتباطا مباشرا برقص العمات تتجاوز ٢٥ مليون يوان على مواقع التسوق الإليكترونية، بالإضافة للمبيعات بالمحلات التي تبلغ ١٠ أضعاف المبيعات على الخط وفقا للتقدير المتحفظ، ليصل مجموعه حوالي ٣ مليارات يوان من مبيعات سنويا.

الفصل الخامس: مسابقة الحكمة

داخل الحديقة وجدت عددا من الطاولات الحجرية فوقها لوحة

مقسمة مربعات وحولها يلتف عدد من الناس كبار السن "معظمهم رجال"، أقحمت رأسي وسطهم دون أن أفهم شيئًا، إنهم بالتأكيد يلعبون لعبة بين الشطرنج والطاولة (رمي الزهر) ولكنها ليست هذه ولا تلك.

فيما بعد التقيت صديقي المصري "حسام المغربي"، وهو مستقر في بكين من ١٧ سنة ويعمل في إحدى الصحف الصينية، وأخبرني أن تلك اللعبة وهي "الشطرنج الصيني" لعبة ذكاء قديمة منذ آلاف السنين، وتنقسم إلى نوعين، الأول هو "ويتشي" والثاني "شيانغتشي". وأن "ويتشي" أكثر تنوعًا وتعقيدًا ومتربط بأسطورة قديمة كان بطلها الإمبراطور "ياو" (أحد الملوك الثلاثة والأباطرة الخمسة) الذي رُزق بابن "دان تشو"، كان فاشلا في كل شيء يتسكع طوال اليوم دون أي عمل ذو أهمية، غير أنه يثير الشغب والمتاعب طوال الوقت. وبذل الإمبراطور وزوجته "سان ييشي" جهودًا مضنية، كي يصبح إنسانًا نافعًا ذا قيمة، لكنه ظل كما هو لم يتغير، ولمّا رأى الإمبراطور "ياو" أن ابنه لا يريد أن يقوم بشيء يُذكر له قيمة، لم يبق لديه خيار سوى أن يقول له: "لا بد أن تتعلم الشطرنج الحجري، لتتمكن من فهم أصول شن الحملات العسكرية، فبإتقانك للشطرنج، ستعمُّ الفائدة عليك"، قالها الإمبراطور "ياو" وهو يسحب السهم، ثم حفر به على صخرة جبلية خطوط طولية وعرضية مكونًة شبكة مُربعة، وطلب من الحراس أن يأتوا له بكمية كبيرة من الحصى، أعطى لـ"دان تشو" نصفها، وأخذ يشرح له بصفته

قائدًا لحملات القبائل العسكرية إستراتيجيات الحرب مستخدمًا الحصى، ويبيِّن له متى التقدم والتقهقر. ظل يشرح بكل ما أوتي من طاقة وجهد، وبقي دان تشو يسمعه باهتمام، حتى أوشكت الشمس على الغروب، وحينها انتهى الإمبراطور وابنه من شرح الدرس الأول لتعلم الشطرنج. ومنذ حينها، أقبل "دان تشو" على تعلم الشطرنج، وانشغل به طوال الوقت، حتى إنه لم يعد يخرج للتسكع في الشوارع. وفي السجلات التاريخية نجد عبارة تقول "صنع الإمبراطور ياو شطرنج ويتشي، وعلّمه لابنه دان تشو".

ويؤكد صديقي نقلًا عن الكاتب الصيني "شيا هان نينغ" الذي نقل الأسطورة في أحد كتبه، أن لعب "شطرنج ويتشي" يساعد بصورة كبيرة على تنمية مهارات العقل، وتعزيز الذاكرة ومهارات الحساب، والإبداع، والتفكير، والتركيز. ويلعب شطرنج ويتشي دورًا إيجابيًا في تنمية المهارات التحليلية للأشياء، وفي الوقت نفسه تساعدهم على تحسين قدرتهم على ضبط النفس.

ويضيف أن شطرنج "ويتشي" يتضمن قطعا ممثالة للعبة رمي النرد أو الزهر في مصر (الطاولة)، أما اللعبة الأخرى فهي "شيانغ تشي"، وهي أسهل من الأولى وتعني "لعبة الفيل"، إشارة إلى الأفيال، وتتضمن قطعا أقرب للشطرنج المنتشر في الغرب، وأنه نشاط ترفيهي من اختراع الأمة الصينية له تاريخ طويل يعود لحقبة الدول المتحاربة، وشرح لي كيف تطور حتى اتخذ شكله النهائي مع نهاية عهد أسرة سونغ الشمالية (٩٦٠- ١١٢٧م)، إذ يتكون من ٣٢

قطعة، وعلى رقعة الشطرنج يوجد خط حدود النهر (الخط الفاصل بين الجانبين).

تعتمد مباراة الشطرنج الصيني على حركة القطع بصورة متناوبة بين لاعبي المباراة، واللاعب الذي يتمكن من "كَشْ الملك" أو "محاصرة الملك"، فهو المنتصر باللعبة. تنقسم قطع الشطرنج لقطع حمراء وسوداء، ويشار إلى اللاعبين بـ"اللاعب الأحمر" و"اللاعب الأسود". يبدأ اللاعب صاحب القطع الحمراء دائمًا باللعب، ثم يتبادل اللاعبان الحركات بالتتابع، حتى تنتهي المباراة بانتصار أحدهما وخسارة الآخر، أو بالتعادل. ينقل كل لاعب في دَوْرِه قطعة واحدة من النقطة التي تشغلها لنقطة أخرى شاغرة، أو يزيح بهذه الحركة قطعة من قطع خصمه، ويحتل مكانها، هذه تُعد حركة واحدة. وتسمى حركات الجانبين بالجولة. ولا تساعد لعبة الشطرنج في إثراء الحياة الثقافية فحسب، بل في تعزيز الذكاء، وتنمية مهارات التفكير، وتحسين قدرة المرء على التحليل الجدلي، والتدريب على المثابرة.

في الواقع لقد فشلت في تعلم أي لعبة منهما لأن قوانينهما مختلفة تمامًا عن الشطرنج الذي اعتدنا عليه، فاللعبة الصينية تُلعب على نقاط خطوط متقاطعة، بدلاً من مربعات اللوحة.

الفصل السادس: مترو الأنفاق في بكين

قبل الغروب عدت إلى المنزل تناولت الغداء كان عبارة عن قطعة جبن قد أحضرتها من مصر مع بعض المخبوزات المصرية (قُرص)، تلقيت اتصال من صديقي "هاني محمد كامل" واتفقنا على اللقاء في وسط المدينة، كنت متعبًا من التجول في حدائق بكين، كان هاني قد أرسل لي اسم محطة المترو التي سنلتقي عندها، ذهبت إلى محطة "جيانجومين" ومنها عبر الخط الأول للمترو وصلت محطة "قوماو" على الخط العاشر ثم غيرت لكي أخذ القطار لمحطة "تيوان جايهو"، وهي المحطة الأقرب لمنطقة "سانليتون"، أشهر مناطق العاصمة وأكثرها زخمًا مثل وسط البلد في القاهرة. هناك أخذني إلى مقهى عربي وهناك طلب "هاني" لنا ساندوتشين هامبورجر. بعدما انتهينا من الأكل، هاني دفع الفلوس عن طريق "الويتشات". كان "هاني" قد مسح "الباركورد" الخاص بالمحل وأرسل المبلغ المطلوب ما جعلني مندهشًا من قدرة "هاني" على التأقلم السريع هنا.

إن "مترو الأنفاق في بكين"، أكثر مكان يمكن أن يكشف حجم التعداد الخرافي للصينيين البالغ ١,٤ مليار نسمة، خصوصًا في وقت الذروة تجد لوحة بشرية متكاملة، وسيلا مكونا من ملايين البشر يتدفقون من مداخل المحطات في صفوف منظومة، يسيرون

بتناغم غريب، مرتب ومنظم، وكأنهم موجات متتالية تضرب بخطى متساوية، مكونين معادلة صعبة جدًا، فهنا نظام مُحكم يجبر هذا العدد المهول من الناس على اتباعه لعدم حدوث فوضى.

بالنسبة لي أو لأي شخص غريب عن بكين قد يرهبه المشهد في البداية، ويفكر الهروب من هذا الزحام مفضلا التاكسي أو أي وسيلة مواصلات أخرى وهو ما ورد لذهني، ولكن السيدة "بيا جي" رفضت وطلبت مني الصبر لأنني سأنسى كل شيء بمجرد الغوص فيه متبعًا النظام الموضوع، فقد وجدت نفسي أصل للمكان الذي ننشده بسرعة وسهولة بعيدًا عن زحام المواصلات وإشارات المرور، خصوصًا وأن مكيفات الهواء بكل عربات المترو بشكل قوي حتى المحطات. والمترو شبكة عنكبوتية ضخمة مكونة من ٢٢ خطا تربط جميع أوصال العاصمة الصينية بعضها ببعض من الشرق للغرب ومن الشمال للجنوب، بطول ٦٣٦,٨ كلم، وبعدد محطات يصل إلى ٣٩١ محطة و٥٩ محطة تبادلية بين الخطوط، حيث يستخدم المترو يوميًا ما لايقل عن ١٤ مليون مواطن، من أصل ٣٠ مليون هم كل سكان بكين، ويمكن القول إن نصف أهل العاصمة تقريبًا يتعمدون على المترو في تحركاتهم اليومية، حيث سجل أعلى رقم مسجل يوم ١٢ يوليو ٢٠١٩ بلغ ١٣,٧٣٨٣٨ مليون راكب، فهناك عدد كبير من العائلات يستكشفون بكين خلال العطلات من خلال المترو، خصوصًا المعالم السياحية مثل المدينة المحرمة وسور الصين العظيم ومعبد السماء وقصر الصيف وغيره.

والغريب أننا خضعنا للتفتيش الذاتي وتفتيش الحقائب وتساءلت عن كيفية تنفيذ ذلك مع هذه الملايين المتدفقة يوميًا عن طريق جهاز الكشف بالأشعة "XRAY"، ولكنه الإجراء المتبع منذ استضافة بكين للأوليمبياد الصيفية ٢٠٠٨ حتى الآن، ويبدأ وقت الذروة صباحًا من السادسة حتى التاسعة، ومساءً من الرابعة حتى السابعة، ورغم الزحام لا تجد مصادمات ومشاحنات، كل شخص يسير بنظام وتناغم تام، حتى وقت ركوب المترو تجد الناس مصفوفة في صفين مائلين على جانبي أبواب القطارات في حين تترك المساحة في المنتصف خالية للخارجين من القطار، لذا فليس هناك تصادم بين الداخل والخارج، وإذا خالفت النظام تجد فرد أمن في المحطة يأتي إليك لتحذيرك وإرشادك إلى النظام المتبع، وفي وقت الذروة تجد فرد أمن يستقل القطار بجوار كل باب يطمئن على سلامة الركاب وعدم إغلاق الأبواب على أي شخص وقت الدخول والخروج، لأن الأبواب فولاذية ضخمة في معظم المحطات، إذا أغلقت على شخص قد تشطره نصفين، ولكن هذا لا يحدث عادة بفضل كاميرات المراقبة ومتابعة سائق القطار لها فبإمكانه إيقاف إغلاقها في حالة طوارئ مثل ذلك.

في مترو بكين، وجدت تكنولوجيا الذكاء الاصطناعي في كل زاوية، فعند بوابات الدخول الإليكترونية، أمامك عدة خيارات، إما أن تشتري تذكرة عادية من شباك التذاكر، أو تشتريها من أي ماكينة بيع إليكترونية من الماكينات المتواجدة بجوار كل بوابة حيث

يتراوح عددها من ٤ إلى ١٠ حسب ازدحام كل محطة، فهناك تجد شاشة لمس ذكية موضح عليها خريطة المترو وعليك أن تختار اللغة إما الإنجليزية أو الصينية، ثم تختار الخط والمحطة التي ترغب في الذهاب إليها وهنا توضح لك الماكينة المبلغ المراد دفعه، وبعد أن تضع المبلغ في المكان المخصص تستلم التذكرة من خزانة صغيرة أسفل الماكينة، ثم تمسح التذكرة على دائرة ممغنطة في بوابة الدخول، والطريقة الثالثة وهي المفضلة عن كثيرين باقتناء كارت ذكي يتم شحنه كل فترة تجنبًا لإضاعة الوقت في قطع التذكرة، ويمكن شحنه من الماكينات الإليكترونية أيضًا. أما الطريقة الحديثة والتي تستخدمها شريحة كبيرة ومنهم مرشدتنا، فهي استخدام تطبيق المترو للدفع بشكل إليكتروني بعد مسح "الباركود" (رمز الاستجابة السريع) على الشاشة الإليكترونية لبوابة الدخول. وفيما بعد التقيت مع المتحدث باسم مركز قيادة السكك الحديدية ببكين"تونج مياي"، التي أكدت لي أن "يي تونج شينج" هو تطبيق الدفع الإليكتروني الذي يستخدمه المواطنون للمرور من بوابات المترو من خلال مسح الباركود، فضلا عن إمكانية الدفع من خلال تطبيق التواصل الاجتماعي "ويشات"، وأن التطبيقين متاحان على منصة جوجل بلاي لهواتف الأندرويد وآب ستور لهواتف آيفون.

"تونج مياي" أضافت أن إدارة المترو ابتكرت نظاما جديدا يتم استخدام تكنولوجيا الذكاء الاصطناعي بشكل أوسع، حيث يتم استخدام بصمة الوجه الإليكترونية للعبور من البوابات بدلا من

التذكرة العادية أو الكارت الذكي اللذين قد يفسدا بسبب وضعهما بجوار المحمول أو العملات المعدنية ما يعرضهما لموجات تفقدهما المغنطة، مشيرة إلى أن تلك الخطوة تمت تجربتها بشكل مبدئي في خط "مطار بكين الدولي"، وأن تعميمها يحتاج إلى وقت لتجنب المشاكل التي تحدث بسبب الاعتماد على بصمة الوجه بشكل كامل، مضيفة أن نظام التشغيل الداخلي تتم إدارته عن طريق التكنولوجيا بشكل كامل حيث تحل الروبوتات محل الموظف في صنع الكروت الممغنطة وتذاكر المترو، وأنهم يخططون إلى أن يحل الروبوت محل موظف الشباك وتفاصيل أخرى كثيرة.

وأضافت المتحدثة الرسمية باسم مترو بكين، أن بلدية بكين استفادت من تشعب خطوط المترو، بأن قامت بمد خطوط كهرباء ومياه وغاز طبيعي، وكابلات الإنترنت من خلال أنفاق المترو التي يتراوح عمقها بين ٢٠ - ٤٠ مترا تحت سطح الأرض، مضيفة إلى أن خطوط المترو تحت الأرض تتمتع بدعم قوي لتغطية شبكات المحمول، فيستطيع الركاب الاستمتاع بخدمات الإنترنت من خلال تكنولوجيا "4G" و"5G"، بسرعة عالية باستثناء الأنفاق الواصلة بين الخطوط في المحطات التبادلية حيث يتم تطوير عملية تقوية الشبكة فيها.

فيما بعد أيضًا توافرت لي فرصة الذهاب إلى مقر الإدارة، وهناك إذا دخلت الغرفة الرئيسية لمركز التحكم بمترو الأنفاق في بكين، سوف تجد نفسك في قلب غرفة عمليات حرب حقيقية،

مئات الشاشات الصغيرة والكبيرة، في نظام معقد وقوي، في الوقت نفسه، تنقل كل صغيرة وكبيرة من خلال كاميرات مثبتة داخل أهم المحطات وقطارات المترو، تشرف على نقلها شبكة تليفزيون الصين المركزي "CCTV"، وتعطي إشارات في حالات الطوارئ أو حدوث اختناقات داخل المترو أو مشكلة في قطار ما، فيتم التدخل السريع، حيث تستخدم الكاميرات تكنولوجيا الجيل الخامس في الحصول على تفاصيل دقيقة ونقل البث في أقل من ثانية بحيث يتم تأمين كل شبر داخل شبكة المترو، كما بإمكانها الحصول على صورة لكل راكب من ٣ جوانب مختلفة، ويسجل معدل تأخير القطارات ومعدل الزحام للدفع بقطار احتياطي لتخفيف الزحام، حيث يتراوح زمن التقاطر "أي الفارق الزمني بين كل قطار" من ٣ - ٧ دقائق حسب أهمية كل خط ومدى ازدحامه.

وفيما تقطع خطوط المترو العاصمة بشكل عرضي وطولي، يعتبر الخط العاشر أحد أهم الخطوط "وفقًا لمرشدتنا بيا جي" حيث يحيط وسط المدينة بشكل دائري ويتقاطع مع كل الخطوط تقريبًا ويعتبر أكثر الخطوط ازدحامًا، يأتي بعده الخط الثاني الذي يسير بشكل دائري على شكل حلقة داخل حلقة الخط العاشر، حول بوابات المدينة القديمة، لذلك تجد كل محطاتها تنتهي بكلمة "Men" والتي تعني بوابة باللغة الصينية "كما أخبرني هاني من قبل"، وأنه وقتها حدثت مناوشات بين الشركة المنفذة وليانغ سي تشنغ أحد المهندسين المعماريين الذي اعترض على هدم السور القديم،

الذي أقيم في عهد أسرة مينغ الإمبراطورية والبوابات الملحقة به، ولكن تدخل رئيس مجلس الدولة (رئيس الوزراء) وقتها "شو ان لاي" حافظ على العديد من البوابات وأجزاء كبيرة من السور كعلامة مميزة للعاصمة القديمة، مثل بوابة "تشيانمن" وبرج الرماية الملحق بها عن طريق تعديل مسار مترو الأنفاق قليلاً.

فيما يقطع الخط الأول العاصمة من شرقها لغربها تحت شارع "تشانغآن"، الذي يمر من ميدان "تيان آن من"، ويربط مولات التسوق والمراكز التجارية الرئيسية، مثل شيدان ووانغ فوجينغ ودونغدان وحي المال والأعمال المركزي في بكين، مع المدينة المحرمة وقاعة الشعب الكبرى وهي مقر مجلس النواب، وعدد كبير من المصالح الحكومية، ويأتي خط مطار بكين الدولي بعده أهمية، حيث يربط بين المطار القديم وقلب العاصمة في مسافة زمنية أقل من نصف ساعة، وتم افتتاحه قبيل الأولمبياد الصيفية ٢٠٠٨، التي أصابت المواصلات العامة بالشلل يوم حفل الافتتاح فبعد انتهائه خرج من ملعب "عش الطائر" ١٠٠ ألف شخص، ولكن مترو الأنفاق أنقذ الموقف من خلال الخط الخامس الذي يقطع المدينة من الشمال للجنوب والعاشر الذي يحيط بوسط المدينة بشكل دائري مغلق، والثامن الذي سمي بخط الأوليمبياد، بزيادة السرعة وعدد العربات وانخفاض زمن التقاطر إلى دقيقتين فقط، ذلك النجاح الذي منح بكين دفعة لإنشاء خطوط جديدة.

تقول "بيا جي" أيضا إن سعر تذكرة المترو كان مستقرًا عند

٢ يوان لأي محطة لفترة كبيرة، ولكن في ديسمبر ٢٠١٤، تم رفع سعر التذكرة ليتم احتسابها وفقًا للمسافات "كما هو معمول به في مترو القاهرة في مصر وقت كتابة هذه السطور"، باستثناء خط مطار بكين الدولي السريع الذي يتكلف ٢٥ يوانا ويقف في ٤ محطات فقط، وخط مطار بكين داشينغ الذي يتكلف بعد تشغيله من ١٠ - ٣٥ يوانا، أما في الخطوط العادية فيتم احتساب كل ٦ كلم بـ ٣ يوانات فقط، تزيد لكي تصل إلى ٧ يوانات في حالة ما زادت الرحلة عن ٣٠ كلم، وهو الحد الأقصى لسعر التذكرة، فيما يستفيد من خدمات المترو بشكل مجاني الأطفال والمعاقون والمسنون فوق ٦٥ سنة والعسكريون، والكوادر الثورية المتقاعدة والمحاربون القدامي، ولمنع الاحتيال إذا لم يكمل المسافر رحلته في غضون ٤ ساعات يتم خصم عدة يوانات من رصيده أو مطالبته بدفعها إذا كان يستخدم التذكرة في حالة ما تخطى تلك المدة.

الباب الثاني: الموسم السياسي في الصين - خلال "الدورتين"

الفصل الأول: الدورتان السنويتان

جاءت الفرصة الأولى بعدما مرت الأيام حتى جاء يوم ٥ مارس وهو الموعد السنوي لانطلاق الموسم السياسي الصيني ببدء فعاليات "الدورتين السنويتين"، كان علينا أن نستيقظ مبكرًا فقد حان وقت العمل والصينيون يعملون حتى يسقطون أرضًا من التعب، ولا أعرف من أين يأتون بكل هذه القدرة والتحمل والجلد. لقد كنا في السادسة صباحًا بتوقيت بكين أمام قاعة الشعب الكبرى بميدان "تيان آن من"، وهي القاعة المخصصة للفعاليات الرسمية والاستقبالات الرئاسية وأيضًا مقر انعقاد جلسات مجلس نواب الشعب، والقاعة تشكل أحد الرموز المعمارية الرئيسية في الصين فهي قد بنيت في عام ١٩٥٨، وهي ضخمة للغاية تبلغ مساحتها ١٧٠ ألف متر مربع، وتتميز من الخارج بالرفوف المصنوعة من القرميد الأصفر والمطعّم بالأحمر، ومن حيث النمط المعماري، فالقاعة تشبه النمط السوفيتي المطعم بمفاهيم العمارة التقليدية

الصينية، ويفاخر الصينيون بأن هذا المجمع الضخم قد بني خلال عام واحد، وتتضمن القاعة كثيرا من أجنحة مختلفة وقاعة مؤتمرات تتميز كل منها بميزات خاصة، فهناك قاعة تحمل اسم كل منطقة في الصين، فعلى سبيل المثال هناك قاعة منطقة شينجيانغ الأويغورية الذاتية الحكم، وقد زينت جدران القاعة بلوحات ضخمة عن الطبيعة وأنماط الحياة هناك، وفرشت بالسجاجيد الفاخرة ذات الألوان الفاقعة والتي تتضمن رسوما ومزركشات تمثل قمة فن الرسم الصيني.

كانت إجراءات التفتيش صارمة تتضمن الوقوف في طابور طوله أكثر من ٢٠٠ متر من الشارع حتى الوصول إلى مدخل القاعة، وعند المدخل تجد لوحة إليكترونية طولية لا بد أن تلتقط صورة الباركورد الموجود أسفل بطاقة تعريف الشخصية لكل الراغبين في الدخول وتظهر على شاشتها صورة الشخص مع صورته واسمه بالصينية، وقتها ستجد الجندي الواقف على منصة عالية يشير إليك بأدب بأن تدخل، ثم لا بد أن تمر على مرحلة الكشف بالأشعة وتضع ما يمت للمعادن بصلة في جيوبك داخل ماكينة الكشف بأشعة "XRAY"، دخلنا أخيرًا وذهبنا إلى إحدى الشرفات العلوية التي تطل على المنصة الرئيسية للقاعة التي تشهد جلسات مجلس نواب الشعب، واختارت لنا إدارة البرنامج مكانًا في منتصف القاعة، ومن الملاحظ أن اللون الأحمر غالب على كل شيء داخل القاعة بدءًا من الستائر حتى المقاعد وجدرانها وجزء من سقفها المرصع

بدوائر هائلة من نقاط الإنارة وتتوسطه نجمة حمراء مضيئة أيضًا ترمز للنجوم الموجودة في العلم الصيني، وعلى جانبي المنصة نصبت لوحتان إليكترونيتان تشيران لعدد النواب الحاضرين منهم والغائبين.

من أجل فهم النظام السياسي الصيني المعقد، يجب علينا أولاً أن نوضح أن السلطة العليا في الصين لا تنتمي إلى الرئيس، تمامًا كما أن المرشد الأعلى لمعظم الحكومات هو الرئيس، لكن السلطة العليا لا تخص الرئيس. وتبلغ الدورتان السنويتان من الأهمية للدرجة التي تعتبر أكثر ما يؤثر على الحياة اليومية للمواطنين وعلاقة الصين بالخارج وسياسات الاقتصاد والإدارة، ومصطلح الدورتين السنويتين هو عبارة مختصرة للجلسات العامة التي يعقدها اثنان من أهم الأجهزة الوطنية بالصين هي المجلس الوطني لنواب الشعب، أعلى هيئة تشريعية في الصين ويصل عدد أعضائها إلى ٣٠٠٠ عضو ممثلين لجميع القوميات ويُنتخبون كل خمس سنوات من أعضاء المجالس المحلية بالمقاطعات الذين كان الشعب قد انتخبهم من قبل؛ والمؤتمر الاستشاري السياسي للشعب الصيني، وهو جهة رسمية تتولى التنسيق بين الأحزاب المختلفة ومن بينها الحزب الشيوعي الصيني وممثلي الأحزاب الديمقراطية والمنظمات الشعبية والأقليات القومية ومختلف الأوساط والمنطقتين الإداريتين الخاصتين - هونغ كونغ وماكو والجاليات الصينية للتشاور بقيادة الحزب الشيوعي حول الخطط المستقبلية للبلاد.

ومنذ تأسيس جمهورية الصين الشعبية عام ١٩٤٩، ناقش المؤتمر الاستشاري السياسي للشعب الصيني كثيرا من القضايا التي تهم البناء الاقتصادي والحياة السياسية والحياة الاجتماعية والجبهة الوطنية المتحدة، وعبر هذه المناقشات التشاورية المستفيضة بمختلف المجالات وتبادل الآراء تأتي سياسات الدولة ولوائحها أكثر ثراء واكتمالا، وهو الأمر الذي يتفق مع متطلبات ورغبة أغلبية الشعب، ويحترم الآراء الصائبة للأقلية، ولعل التشاورات السياسية قبل اتخاذ القرارات إحدى خصائص نظام الديمقراطية الاشتراكية الصينية.

أما المجلس الوطني لنواب الشعب فهو أعلى جهاز سلطة في الدولة، لأن النظام الصيني قائم على أن السلطة للشعب وبالتالي فإن المجلس الوطني لنواب الشعب له صلاحيات واسعة تشمل انتخاب رئيس الجمهورية ونائب الرئيس وإقرار تعيين رئيس مجلس الدولة (رئيس الحكومة) ونوابه والوزراء ورؤساء اللجان المختلفة، والمدقق العام لهيئة المحاسبة الوطنية والأمين العام لمجلس الدولة، وانتخاب رئيس اللجنة العسكرية المركزية، وانتخاب رئيس المحكمة الشعبية العليا والمدعى العام للنيابة العامة الشعبية العليا، كما أن له أيضا سلطة إعفاء هذه الشخصيات كلها من مناصبها، ولذلك، فان الحكومة تستعد جيدا لهذه الاجتماعات.

في يومنا الأول بقاعة الشعب الكبرى قطع أحاديثنا الجانبية موسيقى عسكرية عالية مترافقة من دقات الساعة التي أعلنت

التاسعة صباح يوم ٥ مارس ٢٠١٩، وبانطلاق الموسيقى خفتت الهمهمات داخل القاعة بشرفاتها. كان المشهد والجميع وقوفًا أشبه بلوحة فنية رسمها رسام سيريالي الهوى، فيها تجد الأشكال والألوان متداخلة وإن كان اللون الأحمر هو الغالب والسترات السوداء لكبار رجال الدولة على المنصة، لكن في القاعة ارتدى النواب الملابس التقليدية للقوميات التي ينتمون إليها بألوانها وأشكالها المبهرة المزركشة، وتزينت السيدات بقلادات من الخرز والفضة وأصداف البحر اللامعة، وفوق رؤوسهن يرتدين قبعات مختلفة الألوان ومتنوعة الشكل بين المستدير والمربع والمستطيل، ما أضفى نوعًا من الحيوية على رسمية الاجتماع الصارمة، دقيقة وجلس الجميع وهدأت الجلبة حتى اعتلى رئيس مجلس الدولة "لي كه تشيانغ" منصة مزينة بالورود، وقدم كشف حساب لما قامت به الحكومة خلال عام، ثم تحدث عن الوضع الاقتصادي والاجتماعي بالبلاد، والإجراءات التي اتخذتها الحكومة وخطة عملها للعام القادم واقتراحاتها لتسريع وتيرة التطور،كان خطابه حماسيا تحدث خلاله ببطء وطلاقة وثقة نفس وصوت جهوري، وفي نهاية كل فقرة يرفع صوته مشددًا على مخارج الألفاظ فتضج القاعة بالتصفيق الحاد ليس استحسانًا لمضمون الكلام بقدر ما هو تقديرًا لحجم الإنجاز الذي قدمته الحكومة خلال العام المنصرم خصوصًا على الجانب الاقتصادي، حيث حافظت الصين على معدل نمو لم يقل عن ٦,٦٪ رغم الإجراءات الحمائية الأحادية التي اتخذتها إدارة الرئيس الأمريكي دونالد ترامب خلال العام السابق والرسوم الجمركية التي

فرضتها على البضائع الصينية.

بعد انتهاء الجلسة الافتتاحية ذهب بنا الأتوبيس لمركز الصحفيين الأجانب، وهناك كان كل ما لذ وطاب من صنوف الطعام، وهناك أيضًا عقد وزير الخارجية نائب رئيس مجلس الدولة "وانغ يي" مؤتمرًا صحفيًا تحدث فيه عن الحرب الباردة التي تسعى الإدارة الأمريكية لفرضها كوسيلة للتعامل مع الصين، وأن مبادرة "الحزام والطريق" ليست "فخ ديون"، بل "كعكة اقتصادية" لمختلف الشعوب، وليست "أداة جيوسياسية"، بل فرصة للتنمية المشتركة، موضحًا أن الصين تربطها علاقات قوية ومتينة مع دول القارة الإفريقية منذ وقت طويل، كاشفًا عن اتجاه بلاده خلال الخطة المقبلة، إلى زيادة مشروعات التنمية وحجم التبادل التجاري، بما يحقق التنمية المستدامة لدول المنطقة، وأن القارة السمراء تعتبر شريكًا أصيلا وفاعلا مع بكين، كاشفًا عن أن الصين تعكف على مناقشة عدد من القضايا والموضوعات المشتركة بدول القارة تمهيدًا لطرحها خلال منتدى التعاون الصيني الإفريقي.

الفصل الثاني: النموذج السياسي الغربي أم الصيني، أيهما أفضل للشعب؟

خلال أيام الدورتين السنويتين، جمعني لقاء بشخص مخضرم في السياسة الصينية، هو السيد "تشنغ شانغ" الباحث بإحدى

الأكاديميات المهمة (لا أذكر اسمها)، كان اللقاء في المركز الإعلامي وكان الرجل في زيارة للمركز بهدف الاطلاع على إمكانياته وما يقدمه للصحفيين الصينيين والأجانب، تصادف وجوده على مائدة الغداء التي كانت خالية إلا منه، بدأ الحديث بأن استأذنت منه لمشاركته المائدة فرحب الرجل وقال: هذا مكانكم وأنا ضيف عليكم، أنا باحث في أكاديمية كذا، ابتسمت له ورحبت به وبدأ الحديث حيث قلت له: بما أنك باحث كيف ترى النظام السياسي الصيني؟ فهو رغم تعقيداته غير واضح بالنسبة لأي شخص أجنبي مثلي، فضلا عن أن الناس تعتقد أن النظام الغربي هو النموذج الأفضل. ارتسمت ابتسامة واسعة على وجهه وهو يقول: أولا أنا أحييك على محاولتك للفهم عكس معظم الصحفيين وحتى الباحثين الذين يعملون بدون فهم مجرد نقل الخبر أو إعداد الدراسة دون أن يتضمن عملهم العمق المطلوب، وبداية يا سيدي أريد أن أوضح أن دورة السياسة الغربية وأقصد هنا الانتخابات محددة وقصيرة المدة وأقصاها ٨ سنوات للرئيس، وحتى بالنسبة لنواب الكونغرس فإذا طالت مدة بقائهم فإنهم دائمًا يكونون محددين بمهام تتعلق بمصالح قصيرة المدى لبعض الناخبين المؤثرين في عملية التصويت وليس مصلحة عامة الناس، لذلك فإنهم لا يمكنهم وضع خطط طويلة الأجل، لأن الرئيس أو عضو الكونغرس يهتم بإرضاء الناخبين وتحقيق مصالح قصيرة الأجل مع تجاهل قضايا ملحة وعدم وضع خطط طويلة الأجل لمعالجتها مثل البطالة والحد من الفقر أو الإصلاح الاقتصادي على سبيل المثال، ولذلك فإن طريقة الحوكمة المتبعة في الغرب تفشل

دائمًا في التعامل مع الأزمات المالية العالمية ولنا مثال في ذلك الكساد الكبير ١٩٣٠ والأزمة المالية ٢٠٠٨، عكس النموذج الصيني الذي يأخذ بالاعتبارات الشاملة ويدرس الأمر بشكل كامل ويختار الوقت المناسب لتطبيق سياساته وخططه التي قد تصل إلى ٥٠ أو ١٠٠ عامًا.

وانتقل السيد "تشنغ شانغ" إلى أمر مهم آخر وهو نائب الشعب والبرلماني بالصين والغرب، حيث يقول إن السياسي في الغرب يكون مسئولاً عن مجموعة ناخبين ببلده وليس جموع الناس سواء في دائرته الانتخابية أو في الدولة كلها أو بباقي دول العالم، فمثلًا من يدافع منهم عن مشروع قرار لرفع قيمة الضرائب على السولار والبنزين بهدف خفض انبعاثات الكربون والحفاظ على البيئة، سيواجه غضبًا من ناخبيه ولن يفوز في الانتخابات التالية، والأمر نفسه ينطبق على باقي الملفات التي تقدم علاجا جذريا للمشاكل على المدى الطويل، مقابل ذلك تجد من يدافع عن قرارات تقدم مسكنات مؤقتة للمشاكل، يحصل على شعبية جارفة ويحصل على أغلبية الأصوات، والأمر نفسه إذا ما انحاز النائب أو السياسي لمصلحة عرقية أو قومية مؤثرة في الانتخابات على حساب قوميات وأعراق أخرى، ما يعد نوعًا من الظلم المجتمعي.

وفي الصين فإن جوهر الثقافة المتوارثة عبر الأجيال هو مصطلح "التناغم مع التباين"، فمنذ عهد الحكيم كونفوشيوس، يرى الصينيون أن الكون عبارة عن أشياء متشابكة ومترابطة لذلك فيجب

أن تكون هناك علاقة تكافلية ومتناغمة بين الإنسان والطبيعة، والإنسان والإنسان الآخر، والثقافة والثقافة الأخرى، وإذا نظرت إلى الإسلام عندما دخل الصين مثلًا كانت مبادؤه متوافقة مع مبادئ الكونفوشية المتوارثة منذ مئات السنين قبل الميلاد، لذلك لم يجد المسلمون الأوائل في الصين صعوبة في التكيف والاندماج مع تعاليم كونفوشيوس التي تحض على نفس الفضائل التي يحض عليها الإسلام، وأيضًا هناك مثال آخر مثل البوذية التي جاءت أساسًا من الهند لكي تندمج مع الكونفوشية والطاوية في كيان واحد ويشكل ثلاثتهم مع الإسلام التقاليد الصينية المتعارف عليها الآن، لذلك تجد وجود اختلافات بين البوذية في الصين والهند، فمن الممكن أن نقول إن البوذية انصهرت في القالب الصيني واتخذت شكلًا أقرب إلى الكمال منه في البوذية الهندية، وأثمر ذلك المزيج عن حالة من السلام الكامل منعت وجود حروب قائمة على أساس ديني أو عرقي على مدار التاريخ الصيني، ومما لا شك فيه أن فكرة "التناغم مع التباين" هي السبب الرئيسي وراء قدرة الحضارة الصينية على الامتداد لآلاف السنين، فهي أقدم حضارة ممتدة حتى الآن.

سألت السيد "تشنغ شانغ" سؤالا آخر مهما وهو: كيف تواجه الصين أزمة الشيخوخة المتصاعدة؟ خصوصًا وأنها تتطلب مزيدا من الرعاية الصحية والاجتماعية لكبار السن بما يزيد من الأعباء المالية على كاهل الدولة، بالإضافة إلى أن معدل نمو الناتج المحلي

الإجمالي في الصين يشهد تباطؤا كبيرا وتراجع منذ عام ٢٠١٤ بعدما كان يزيد عن ٧,٤٪ أصبح مستقرًا حول ٦٪ فقط. افتر ثغر الرجل عن ابتسامة أخرى واسعة وهو يقول: يبدو أنك درست الصين جيدًا لذلك تضع يدك على التحديات الحقيقية والمناطق الحساسة، لكن أريد أن أضيف لكلامك أن هناك توجّها حكوميا بتخفيض العبء المالي والضرائب على الشركات، ما يجعل أمر توفير التمويل لحماية المسنين والمعاقين أمرا مزعجا بالفعل وصعب، لكن كيف ستحل الصين هذه المعضلة؟ يجب أولا أن نعترف بأن المظلة التأمينية الشاملة في أي دولة تشترط أن يدفع المستفيدون مقابل الحصول على التأمين وقت الحاجة إليه، ولكن المشكلة هنا هو من سيدفع الحصة الأكبر، الحكومة أم المواطنون؟ إذا نظرنا للنموذج الفرنسي مثلًا فسنجد الرئيس الأسبق "ساركوزي" قدم مشروع نظام تأميني شامل على الرعاية طويلة الأجل بمجرد توليه منصبه، لكنه فشل لأن الفرنسيين رأوا أنه يحصل منهم على مصاريف زائدة وإلزامية، وفشل المشروع بمجرد تولي الرئيس "إيمانويل ماكرون" المسئولية، ويمكن القول إنه نجح في الانتخابات أمام التيار اليساري بقيادة "ماريان لوبان"، لأنه كان ضد هذا المشروع، وهنا نعود إلى فكرة المصالح الضيقة والحلول الوقتية التي يجد السياسي نفسه مجبرًا على الدوران في فلكها في النموذج السياسي الغربي، وإذا نظرت لنظام تأمين الرعاية طويلة الأجل في الولايات المتحدة ومعظم البلدان الغربية فستجده عبارة عن تأمين تجاري بشكل أساسي، يدفع فيه الأفراد والعائلات طواعية، ويتم تقليل المسئوليات

الحكومية للحد الأدنى.

ووضع خبراء وزارة الصحة نظاما لتأمين الرعاية الطويلة الأجل، يتضمن التزام الهيئات والمؤسسات والشركات "خاصة أو حكومية" بدفع التأمين الطبي نيابة عن موظفيها، بينما يتحمل الأفراد أقساط التأمين الطبي لسكان الحضر والريف والمزارعين.

سألته: يعني لو هناك شخص مسن غير قادر على دفع أقساط التأمين فسيكون محرومًا من الدخول في تلك المظلة؟ رد قائلا: بالطبع لا، هناك نظام الضمان الاجتماعي يقدم رعاية شاملة لكبار السن من خلال نظام معاشات يستفيد منه سكان الحضر والريف، وهو نظام غير قائم على الاشتراكات، يوفر مبلغا ثابتا من المعاشات لكبار السن الذين بلغوا سن التقاعد القانوني، ورغم تزايد استحقاقات المعاشات الأساسية للمتقاعدين الصينيين منذ ١٧ عاما متتالية، إلا أنها تتحسن بشكل مستمر وفقًا لتعديلات مستمرة في المعايير حيث ترتفع وفقًا لتغيرات الوضع وزيادة أو ارتفاع تكاليف المعيشة، وبالإضافة إلى ذلك، هناك أنواع مختلفة من برامج دعم الشيخوخة المتقدمة التي وضعتها الحكومات المحلية غير قائمة على الاشتراكات، فعندما يصل الفرد إلى العمر المحدد يمكنه الحصول على معونة الشيخوخة من الحكومة المحلية.

بالإضافة لنظام تأمين الرعاية الصحية الذي يتطور منذ بداية عصر الإصلاح والانفتاح، مع تحسين انتشاره لكي يغطي جميع

السكان تقريبا ، أنشأت الدولة هيكلا معقدا ، مع مخططات مختلفة موجهة لمجموعات مستهدفة مختلفة، حيث يتضمن النظام تسعة مخططات بتكلفة تتحملها ثلاثة مستويات: "الدولة والمؤسسات والأفراد"، في المستوى الأول هناك مخططان رئيسيان، وهما التأمين الطبي الأساسي للموظفين في المناطق الحضرية، والتأمين الطبي الأساسي لسكان الحضر والريف، بجانب ثلاثة مخططات ممتدة، وهي التأمين ضد الأمراض الخطيرة لسكان الحضر والريف، والتأمين ضد المرض للعاملين بالحضر والبدل الطبي للموظفين المدنيين، أما في المستوى الثاني هناك نظامان، وهما التأمين الطبي التكميلي للشركات المدعوم بسياسات الضرائب التفضيلية والتأمين الصحي الجماعي، ويشمل المستوى الثالث أيضا نظامين للتأمين الصحي المتميز المعتمد على الضريبة الشخصية والتأمين الصحي العام، وقد وضع هذا الإطار أساسا متينا لبناء الصين الصحية.

الفصل الثالث: السوق الليلي

في يوم ٧ مارس اتصل بي زميل صحفي مصري يعمل في القسم العربي بإذاعة الصين الدولية "CRI" هو الأستاذ "صلاح أبو زيد"، وطلب مني الحضور لتسجيل حلقة عن الدورتين السنويتين، وعبر مترو الأنفاق توجهت من المركز الصحفي بعد انتهاء وقت

العمل في الثانية عشر ظهرًا لمقر الإذاعة وهو مجمع كبير به المبنى الرئيسي الذي يحوي استديوهات البث ومكاتب المحررين، وهو ما ذكرني بأيام قضيتها في قريتي بمحافظة المنوفية شمال مصر أدير فيها مؤشر الراديو على إذاعة الصين وأستمع للبرامج التي تبث من بكين بالعربية، وكيف كنت أستمتع بالفقرات التي تقدمها الإذاعة وتطورت علاقتي بها لكي أنضم لنادي المستمعين أصدقاء الإذاعة الصينية، وعلى مدار سنوات تلقيت هدايا بسيطة عبر البريد من الإذاعة إلى منزلي عبارة عن كروت وصور لمعالم الصين الرئيسية، لقد حرك المكان بداخلي مشاعر مختلطة وقدمني "صلاح" لزملائه بالقسم العربي ولم أعرف الكثير منهم فقد منعتني الصحافة منذ فترة من متابعة برامج الإذاعة عبر الأثير.

حقيقةً لقد شعرت أن صلاح ليس مجرد زميل فهو صديق وأخ، وفي اليوم التالي دعوته لتناول العشاء في المقهى العراقي بمنطقة "سانليتون"، ولأننا كنا نحب المشي فقد تناولنا العشاء والشاي العراقي ثم انطلقنا لنتجول بمنطقة "سانليتون" بين البارات ومحلات الطعام والملاهي الليلية.

وعرفت من صلاح أن الحكومة تشجع "اقتصاد الليل" وهو مصطلح يعني تنشيط حركة البيع والشراء والسماح للمحلات والمولات الكبرى بأن تبقي أبوابها مفتوحة، وهو تحول جذري شهدته البلاد في أسلوب معيشة المواطنين منذ بداية الألفية الثانية وحتى الآن، فعملية التحديث لم تطل الشوارع والمدن فقط بل

شملت تغيير عادة الشعب الصيني الذي يعمل بجد ومثابرة مثل الماكينات مع شروق الشمس وحتى غروبها بإيجاد مساحة للتفريج عن أنفسهم، وتجنيبهم الوقوع في دائرة الأمراض النفسية بسبب ضغط العمل، وذلك من خلال دعم الاقتصاد الليلي، وهي الأنشطة التي تمارس في الليل من السادسة مساء وحتى السادسة صباحًا، وتتضمن التسوق وحضور فاعليات ثقافية أو الذهاب للمطاعم وتجربة تناول الأطعمة الشهية المتنوعة التي باتت تفتح حتى أوقات متأخرة.

قلت له: هذا طبيعي في مصر فالقاهرة معروف عنها أنها المدينة الساهرة التي لا تنام، فرد قائلا: إن مصطلح اقتصاد الليل هو جانب مهم من اقتصاد أي دولة، ويعتبر جزءا أساسيا من ناتجها المحلي الإجمالي، وهو مصطلح اقتصادي أطلقته بريطانيا في سبعينيات القرن الماضي، ويقصد بها الأنشطة الليلية التي يقوم بها المواطنون للخروج من ضغوط العمل والاستمتاع مع الأصدقاء لتهيئة النفس لدخول جو العمل مرة أخرى، وفي المدن الصينية الكبرى، خصوصًا العاصمة بكين، عادة ما يشهد اقتصاد الليل رواجًا، ودائمًا ما تجد منطقة وسط المدينة مزدحمة بالناس، خصوصًا في المولات الكبيرة التي تقدم جميع أنواع السلع والهدايا، وفي المطاعم حيث الأطعمة المتنوعة الشهية، وفي المقاهي الثقافية التي تقيم ورش عمل وملتقيات ثقافية في مختلف أنواع الأدب كالشعر والرواية وغيرهما، وبالنسبة لبكين فقد قررت

البلدية مؤخرًا تمديد فترات تشغيل جزء من مواصلاتها العامة، أيام الجمعة والسبت من كل أسبوع، خلال الفترة من مايو إلى أكتوبر من كل عام، بهدف منح دفعة لـ"اقتصاد الليل" كي ينمو أكثر وأكثر، وتمديد فترة تشغيل خطي المترو رقم ١ ورقم ٢ لمدة ساعة إضافية وساعة ونصف إضافية على الترتيب، حيث سيغادر آخر قطارين على الخطين بعد الساعة ١٢:٣٠ صباحا، وفقا لخطة الحكومة المحلية، ويمر الخطان عبر بعض أكثر مناطق التسوق ازدحاما مثل وانغفوجينغ وشيدان وسانليتون في وسط بكين، كما عززت خدمة سيارات الأجرة حول معالم المدينة وكبرى مراكز التسوق والأحياء السكنية، وفقا للخطة.

وتابع صلاح أنه خلال فعاليات الدورتين السنويتين ٢٠١٩، أعلن تقرير عمل حكومة بكين، عن تطوير الاقتصاد الليلي، وهو ما يشجع مراكز التسوق والمحال التجارية وسلاسل المتاجر على العمل حتى وقت متأخر من الليل، فيما أصدر مكتب تجارة بكين عام ٢٠١٨ مبادئ توجيهية لدعم بناء شوارع ومناطق خاصة تبيع الأطعمة في الليل، كما توفر الحكومة دعما ماليا للاستثمار في مشاريع تصميم الصور وتحسين البيئة للشوارع والمناطق المختصة، وخلال عطلة عيد العمال، التي تمتد لأربعة أيام في مطلع مايو كل عام، ارتفع الاستهلاك بالمطاعم في أحياء وانغفوجينغ وسانليتون وتشينغنيانلو، التي تتركز بها مراكز التسوق، بواقع ٥١,٣٪ خلال ساعات الليل بالمقارنة مع ذات الفترة من العام الماضي، حيث

ظهرت كثير من المطاعم الليلية التي تقدم أشهى الأطباق المتنوعة، ما جعل الاقتصاد الليلي ينمو بشكل كبير خلال السنوات الأخيرة مع حركة النمو السريعة التي شهدتها المعدلات الاقتصادية، ما ترافق معه زيادة متوسطات دخول المواطنين، وبالتبعية زيادة ضغوط العمل التي تحتاج في العادة إلى إيجاد وقت للخروج من تلك الضغوط والاستمتاع بالحياة مع العائلة أو الأصدقاء. وأصدرت الحكومات المحلية، في المدن الكبيرة مثل العاصمة بكين، وتيانجين وشانغهاي، مجموعة من الإجراءات لدعم تنمية الاقتصاد الليلي باعتباره محركا جديدا لزيادة حيوية المدن ودفع التنمية الصينية. ووقت كتابة هذه السطور، وصلت حصته من الناتج المحلي إلى٦٠٪، ما يعني زيادة القيمة السوقية لذلك النوع من الاقتصاد، وهو أمر دفع الحكومات المحلية لتعزيز الاهتمام به بوصفه جزءا مهما وواعدا من الاستهلاك.

الباب الثالث: القمة الثانية لمبادرة "الحزام والطريق" للتعاون الدولي

الفصل الأول: افتتاح المنتدى

عقدت القمة الثانية لمبادرة "الحزام والطريق" للتعاون الدولي في بكين لمدة ثلاثة أيام خلال الفترة من ٢٥ حتى ٢٧ إبريل ٢٠١٩، حيث شارك أكثر من ٥٠٠٠ ضيف أجنبي من أكثر من ١٥٠ دولة و٩٠ منظما دوليا. عقد في يوم ٢٧ أبريل قمة مائدة مستديرة على هامش القمة الثانية لمبادرة "الحزام والطريق"، حضرها قادة ٤٠ دولة ومنظمة دولية، من بينها مصر. مصر شاركت بصفتها رئيس الاتحاد الإفريقي بالدرجة الأولى بخلاف الاجتماعات الثنائية بين البلدين حيث تعتمد العلاقة بين البلدين منذ تولي "الرئيس عبد الفتاح السيسي" حكم مصر على الشراكة الإستراتيجية الشاملة، حيث أن التعاون المصري الصيني يعد ركيزة أساسية في تعزيز التعاون الصيني الإفريقي، بفضل الاتفاقيات التجارية التي تربط مصر بدول القارة السمراء، والتي تعتبر فرصة ذهبية أمام الصين لدخول بضائعها للأسواق الإفريقية بتسهيلات جمركية وضريبية كبيرة.

كما حضر الفعاليات أيضًا الأمين العام للأمم المتحدة "أنطونيو غويتريش" و"كريستين لاجارد" مدير صندوق النقد الدولي، وكانت هناك خمسة أهداف معلنة متفق عليها من المنتدى هي: التمسك بثبات بنزعة تعددية الأطراف، ومواكبة تيار العصر وإثراء مفاهيم ومبادئ للتعاون، والسير يدا بيد لبناء شبكة الشراكة، والتحرك لبناء نظام تعاون قوي، وتنسيق الديناميكيات الداخلية والخارجية وتعظيم الاستفادة من فوائد الإصلاح والانفتاح.

كان مدير المركز الصحفي الإفريقي السيد "وانغ هاي يانغ"، قد عاد من الإجازة لكي يقود مجموعة الصحفيين الأفارقة، كان اسمه الإنجليزي "أوشن" ويعني المحيط وهو الاسم الذي كنا نناديه به دائمًا، كانت لغته الإنجليزية مثلي تمامًا في ذلك الوقت مكسرة إلى حد ما وطريقة نطق بعض الكلمات غير صحيحة، وفي نهاية العام كان كلانا يتحدث الإنجليزية أفضل من الآخرين. المهم أن "أوشن" كان طيب القلب لدرجة غير معقولة، وكان كلانا يكن للآخر درجة كبيرة من الحب لا ندري سببها رغم أننا لم نلتق إلا مرة واحدة فقط وقت حفل افتتاح البرنامج، وعندما كنا نتجول في أزقة "الهوتونغ" كنت أسير ببطء وأعرج قليلًا فكان يجبر كل المجموعة على أن تسير بنفس سرعتي، ووقتها عندما شكرته قال لي إن هناك قولا مأثورا صينيا قديما يقول إن "الركب يسير بقوة أضعفه" فقلت له إننا في الإسلام لدينا مثله حديث شريف عن الرسول محمد "ص"، ولهذا السبب فإن الإسلام عندما دخل الصين لم يجد صعوبة

في تعايش أهله معه، لأن تعاليمه السمحة متوافقة مع التقاليد الموروثة من عهد الحكيم كونفوشيوس وتقريبًا متطابقة، وقتها طلب مني أن أناديه "Laodi" وتعني بالصينية أخي الأصغر، وهو سوف يناديني بأخي الأكبر "Laoxiong".

وضعني "أوشن" أنا و"إلفيس مورارانجاندا" من ناميبيا مسئولين عن إدارة تحركات مجموعة الصحفيين الأفارقة والآسيويين خلال أيام المنتدى، وهي مهمة كانت ثقيلة جدًا فوق كاهلي، خصوصًا وأن قدمي كانت لا تخدمني في سرعة الحركة، فضلا عن أنني أميل أكثر للحرية في الحركة والذهاب للأشخاص والأماكن التي تهمني وتخدم عملي الصحفي وشغفي باستكشاف أسرار جديدة عن الصين وعلاقاتها الدولية في مختلف المجالات. في اليوم ٢٦ أبريل حضرت حفل افتتاح المنتدى بالقاعة الرئيسية المخصصة للرؤساء ورؤساء الوزراء مع مجموعة مكونة من ١٥ صحفيا كنت قائدها، وخلال فترة الراحة بعد كلمات الحضور ذهبت والتقيت مجموعة من الوزراء المصريين والأفارقة للحديث عن التعاون الصيني الإفريقي، وكانت كلمة الرئيس المصري "عبد الفتاح السيسي" لها صدى كبير في نفوس الحضور مع كلمات نظيريه الصيني "شي جين بينغ" والروسي "فلاديمير بوتين".

على مدار السنوات القليلة الماضية، برزت مصر كنقطة مهمة في طريق الحرير الجديد، والمعروف بمبادرة الحزام والطريق، بفضل موقعها الإستراتيجي كنقطة عبور رئيسية بين المحيط الهندي

والبحر المتوسط، وما يمكن أن تقدمه "قناة السويس" من خدمات لوجيستية للسفن المحملة بالبضائع، فضلاً عن المشروعات التي يجري العمل فيها على قدم وساق على جانبي القناة بهدف قيام الصين وعدة دول يمر منها الطريق بإحضار المواد الأولية الخام وتصنيعها في مصانع تقع على جانبي القناة وبالقرب منها، تخفيضًا للنفقات قبل أن تنطلق بالمنتج النهائي للأسواق الأوربية.

الفصل الثاني: التعاون والتنمية بين الصين ومصر في إطار مبادرة "الحزام والطريق"

مبادرة "الحزام والطريق" مستوحاة من روح طريق الحرير القديم وأهميته في التعاون السلمي، لأن الصين تتبع طريقًا سلميًا في التجارة الخارجية.

فيما قالت الدكتورة "نانسي أحمد ممدوح"، الباحثة في الشؤون الاقتصادية بجامعة بكين في حديث معي، إن حجم التبادل التجاري بين مصر والصين شهد قفزات هائلة بفضل الجهود المبذولة من مسئولي البلدين، ما ساهم بشكل إيجابي في تخفيف اختلال التوازن التجاري بين القاهرة وبكين، وأن الشراكة الإستراتيجية سمحت للمنتجات الزراعية المصرية باختراق الأسواق الصينية بشكل أوسع، وتفوق البرتقال الطازج من مصر على نظيره من الدول الأخرى، وأن مصر تمتلك الفرصة لكي تكون محور مبادرة الحزام والطريق في

إفريقيا والشرق الأوسط، بفضل مركزها المالي المتقدم، فضلا عن تصنيف الصينيين لها كواحدة من أفضل خمس دول لعمليات الاندماج والاستحواذ على مدى السنوات الخمس المقبلة، مشيرة إلى أن مشروعات الطرق والكباري التي تنفذها الصين والعابرة طول القارة وعرضها سوف تستفيد منها القاهرة، خصوصًا وأن حلم طريق القاهرة كيب تاون قد يتحقق قريبا مع جاهزية البنية التحتية في كل من مصر والسودان.

الدكتورة نانسي قالت أيضًا إن الصين أكبر مستثمر في مشروع محور تنمية قناة السويس، فقد وفرت منطقة "تيدا" الصينية فرص عمل لأكثر من ٣ آلاف مصري، وعملت الصين مع مصر ودول عربية معا لربط المناطق الصناعية في أبوظبي والسويس وجازان بالموانئ القريبة، مؤكدة أنه يتعين على الجانبين مواصلة توثيق الالتقاء الإستراتيجي والتشغيلي وزيادة الانفتاح المتبادل وخلق محرك مبتكر للنمو، علاوة على تعميق التبادل والتعاون في مجال الحوكمة والعمل معا لتحسين مسار الإصلاح والتنمية، في ظل الجهود التي بذلتها مصر على صعيد الإصلاح الاقتصادي وتهيئة المناخ الجاذب للاستثمار، وتنفيذ العديد من المشروعات القومية، فضلاً عن تطوير وتحديث البنية التحتية، وما قامت به مصر من طفرة في مجال إنتاج الطاقة بأنواعها المختلفة، وكذلك شبكة الطرق، وازدواج الخط الملاحي لقناة السويس، وهى مشروعات في مجملها تعمل على سرعة وتسهيل حركة التجارة.

فعاليات المنتدى تضمنت نقاشات حول الذكاء الاصطناعي وتكنولوجيا الـ5G التي تقودها الصين من خلال شركة هواوي، حيث إنه بإمكانها توفير خدمات أبعد من كونها تحسين خدمة الاتصالات والولوج إلى الإنترنت، من خلال إنشاء مدن ذكية وآمنة، ونشر إنترنت الأشياء بكفاءة وفعالية، وهي شبكة من الأجهزة المادية المترابطة لتبادل البيانات، وبالتالي يمكن تحويل شبكة التليفزيون الأشهر في الصين إلى وسيلة للتحكم في الاختناقات المرورية وتقليل الجريمة، من خلال كاميرات مراقبة حركة المرور، وأجهزة الاستشعار عن بعد، وأضواء الشوارع، ومواقف السيارات، وحتى سلة المهملات، من خلال ربطها بأجهزة اتصال ذكية وتوصيلها بخدمة إنترنت الأشياء وصولا إلى مركز القيادة، وتسعى الصين إلى طمأنة العالم رغم الدعاية الأمريكية السلبية ضد تلك التقنية الحديثة، بالقول إنها وسيلة حديثة غير آمنة تهدف للتجسس، فيما لم تلتفت بلدان الشرق الأوسط وإفريقيا لتلك الدعاية وقررت المضي قدمًا في الاستفادة من خطة بكين بالوصول إلى ٣٠ مليون مشترك فقط في الشرق الأوسط بحلول عام ٢٠٢٣، خصوصًا وأنها تقنية مخصصة لنقل البيانات واستخدامها خصوصًا في استخدام الروبوتات، وعلى مستوى الدول العربية، تحولت هواوي، إلى أحد أبرز موردي المعدات التي تشكل عصب خدمات الشبكات بفضل أسعارها المنخفضة، حيث ناقشت كل من بكين والقاهرة، إمكانية تطبيق الخدمة فائقة الذكاء في مصر بداية يونيو المقبل بعد نجاح تجربتها في البحرين، وقال كمال بن أحمد وزير الاتصالات

البحريني إن وجود تكنولوجيا الـ5G أمر مهم لنقل البيانات بسرعة أكبر وتوفير مساحة تخزينية أكبر من خلال خدمات تتفوق على الحوسبة السحابية، كما ترى هواوي، بوصفها الذراع التكنولوجي الصيني، إن مصر تملك البنية التحتية لإنشاء مدن سكنية ذكية بهدف النهوض بالمجتمعات العمرانية في مختلف أنحاء الجمهورية، لتكون رائدة في هذا المجال في إفريقيا والشرق الأوسط، وأن القطاع العقاري هو الآخر أحد أهم المستفيدين من تكنولوجيا الـ5G خصوصًا وأن مصر تملك كافة الإمكانيات سواء التكنولوجية أو على صعيد البنية الأساسية لإحداث نقلة كبيرة في نشاط القطاع العقاري خلال السنوات المقبلة من خلال إدخال التكنولوجيا الذكية في إنشاء المدن، بما يؤدي إلى نقلة نوعية في صناعة العقارات بما يمثل قيمة مضافة كبيرة على صعيد الخدمات الأمنية الذكية والتكنولوجية الرقمية والحياة اليومية للمواطنين، فضلا عن مجالي الأمن والحماية باستخدام تقنيات الذكاء الاصطناعي وتعلم الآلات وإنترنت الأشياء لتطوير المدن الجديدة في مصر، وهي تكنولوجيا متبعة عالميا عند تطوير وإنشاء مدن ذكية جديدة.

وبشهادة الصينيين، فإن مصر تسعى لاستعادة صدارتها في المنطقة، ووفقًا لتصريحات سابقة للرئيس التنفيذي لشركة هواوي مصر فينيست صن، أكد أن طيبة عاصمة مصر في عهد المصريين القدماء كانت المنهل الرئيسي للعلم والمعرفة في العالم، مؤكدًا أن القيادة السياسية الحالية تسعى لاستعادة دورها المحوري من خلال

التعليم القائم على تكنولوجيا المعلومات والاتصالات، فمن خلال التحول الرقمي لنظام التعليم في الدولة، ستكون مصر قادرة على تعزيز مكانة الأسس التعليمية الرقمية، حيث يمكن لجميع الطلاب الوصول إلى الموارد التعليمية بطريقة فعالة وأقل تكلفة، وذلك في إطار أن النظام التعليمي التقني والرقمي الجديد، الذي تطبقه وزارة التربية والتعليم المصرية الذي سيكون قادرًا أيضًا على توفير تجربة تعليمية نموذجية ومتخصصة من شأنها أن تكسر الحدود الجغرافية والثقافية وتدفع تجربة التعلم إلى حدود أبعد من الفصول الدراسية، فضلا عن تعزيز البحث العلمي.

السكك الحديدية فائقة السرعة كانت محطة حديثنا التالية، حيث سألته: كيف وصلت الصين لهذه المرحلة من التقدم في وسائل النقل خصوصًا القطارات فائقة السرعة؟ فقال إن بلاده سارت بنفس الوتيرة في هذا المضمار فقد رفضت دول لها خبرة ومضمار فيها مثل اليابان مساعدة الصين، لكي يقرر الصينيون قبول التحدي والتعلم من تجارب الآخرين والبناء عليها وإدخال التكنولوجيا المتقدمة وإنتاج تصميم مشترك وبناء علامة تجارية صينية، وكان الدافع المبدئي السوق المحلية الضخمة للصين. وكانت البداية شراء تقنيات السكك الحديثة عالية السرعة من دول أخرى ثم عكف أكثر من ١٠٠ ألف باحث صيني متخصص في استيعاب ودمج تلك التقنيات لكي تناسب الظروف المحلية، وبنظام "التجربة والخطأ" ابتكرت الصين تقنيات ومعايير جديدة تجاوزت نظيرتها الغربية

وفقًا لعلامات تجارية صينية، ولك أن تتخيل أن الناس في الماضي كانت تعاني "خصوصًا في فترة عيد الربيع" من عدم توافر تذاكر قطار للذهاب من أماكن عملهم بالمدن الكبرى إلى مسقط رأسهم للاحتفال مع الأسرة بعيد الربيع وقضاء العطلة السنوية معهم، وكانت وقتها تنشط السوق السوداء وخلافه وكان الناس تضطر لعدم الذهاب أو الحجز مبكرًا بأشهر طويلة لتلك الرحلة. فقلت له إننا في مصر نعاني من هذه المشكلة حتى الآن، فأصدقائي ممن يعملون معي في القاهرة يجدون صعوبة كبيرة في توفير تذكرة قطار إلى مسقط رأسهم بالصعيد (تبدأ منطقة الصعيد من جنوب محافظة الجيزة حتى محافظة أسوان قرب الحدود السودانية)، خلال فترة عيدي الفطر والأضحى، فقال: بالضبط هذا ما كان يحدث عندنا فبعدما كنا لا نمتلك سنتيمتر واحد من السكك الحديدية فائقة السرعة، أصبحت الصين الآن أكبر بلد يمتلك أطول شبكة من هذه السكك في العالم.

وأضاف قائلا: إن التطور الجذري للسكك الحديدية الصينية أصبح بطاقة مشرقة ورمزا للصين في انفتاحها على الخارج، حيث استغرقت تلك العملية عشرات السنين فقط على إنشائها على عكس ما استغرقته نظيراتها في البلدان المتقدمة التي احتاجت لمئات السنين، ويكفى لكي تقدر ما وصلت إليه الصين من تقدم بهذا المجال، أنه في وقت ما انتشر تحدي "وضع عملة معدنية بشكل عمودي في القطار الصيني فائق السرعة"، وألهب التحدي الشباب

وانتشر على محركات الإنترنت، مما لاقى إعجاب رواد الشبكة العنكبوتية من الصينيين والأجانب على حد سواء، لأن ثبات عملة معدنية بشكل عمودي في قطار سائر يعكس استقرار القطار، ما يعتبر مؤشرا هاما يهم راحة الركاب، وذلك لأن الإدارة الصينية لهذا المشروع وضعت نصب أعينها وقت التنفيذ سلامة وقوة البنية التحتية للطرقات والجسور والأنفاق والقضبان الحديدية إلخ، بما يدل على الحكمة والابتكار والمثابرة عند الصينيين.

بعد أكثر من ٢٠ سنة من الأبحاث، استخدمت الشركة الصينية المحدودة لتصميم السكك الحديدية تقنية رسم الخرائط بالرادار الليزري والاستشعار عن بعد للقياس والاستقصاء على نطاق واسع، بالإضافة لاستعمال برامج التصميم المطورة بشكل مستقل وتكنولوجيا المعلومات والتصاميم التعاونية ثلاثية الأبعاد، مما لم يحسن كفاءة العمل فحسب بل ساعد أيضا وبشكل كبير في تقليل عدد الفنيين العاملين في المواقع الخارجية، ومن خلال إسهامات العاملين في قطاع السكك الحديدية فائقة السرعة الصيني، تمكنت الشبكة الصينية من تقديم الأفضل للعالم، مثل أول قطار فائق السرعة قام باختبار أعلى سرعة في العالم، أول قطار فائق السرعة يعبر المناطق الباردة والمتجمدة، كما أنه القطار الأول الذي سار على أطول مسافة تشغيلية في العالم وعبر المنطقة شبه الاستوائية المعتدلة ومجموعة أخرى من التضاريس الجيولوجية والطوبوغرافية المختلفة وأول قطار فائق السرعة في العالم يسير في جزيرة

استوائية، ولا تزال الصين بحاجة للمزيد من تطوير هذه الدائرة الاقتصادية للسكك الحديدية فائقة السرعة، ما يمكن تحويل فكرة العمل بمدينة والسكن بمدينة أخرى من حلم إلى حقيقة، فوفقا لتقرير "تطوير السكك الحديدية فائقة السرعة في الصين" الصادر عن البنك الدولي والذي نشر في عام ٢٠١٩ ، فإن طول هذه السكك التي تم إنشاؤها يتجاوز الطول الكلي للسكك الحديدية فائقة السرعة في كافة بلدان العالم مجتمعة، ومقارنة مع بقية الدول الأخرى فإن أسعار تذاكر القطارات الصينية فائقة السرعة هي الأرخص عالميا ، كما أن تكاليف إنشائها تمثل حوالي ثلثي تكاليف إنشائها في البلدان الأخرى.

وتحت مظلة مبادرة الحزام والطريق، خرجت السكك الحديدية الصينية لتتقاسم إنجازات البناء والتطوير مع بقية البلدان في جميع أنحاء العالم، ولدينا في إفريقيا مثال خط السكة الحديد بين العاصمة الإثيوبية "أديس أبابا - جيبوتي"، وكان خط "جاكرتا - باندونغ" بإندونيسيا أول مشروع شامل للسكك الحديدية الصينية فائقة السرعة في الخارج والتي دفعتها للخروج إلى المسرح العالمي، وأيضًا الخط البرتقالي لسكك حديدية "لاهور" بباكستان وهو أول مشروع رسمي للبنية التحتية في مجال النقل المرتبط بالممر الاقتصادي الصيني الباكستاني، ويعد خط سكة حديد "موسكو-كازان" فائق السرعة مشروعا إستراتيجيا في مجال التعاون بين الصين وروسيا ، وقد توصل الجانبان إلى توافق أساسي حول

استخدام التكنولوجيا والمعدات الصينية، كما يعد خط السكة الحديدية الرابط بين المجر وصربيا المشروع الرئيسي للصين مع بلدان وسط وشرق أوروبا ، وقطار الشحن الرابط بين الصين وأوروبا بداية لتشكيل آلية دولية في تشغيل القطارات ونوعا من التعاون متعدد الجنسيات، فبحلول نهاية ٢٠١٨ ، ربط قطار "الصين-أوروبا" بالفعل أكثر من ١٦٠ مدينة بـ٢٢ دولة آسيوية وأوروبية، وبما أن القطارات الصينية الأوروبية ستقوم بنقل المنتجات الصينية إلى كافة دول العالم، فإن دائرة الأصدقاء الصينيين ستستمر في التوسع، وهذه هي الثقة التي تجلبها السكك الحديدية الصينية فائقة السرعة.

الفصل الثالث: انطباعات بكين

أزقة "الهوتونغ" والدور الرباعية "سيخيوان"

وقد وفرت الأيام المشمسة السابقة لأيام المنتدى الفرصة للوفود الزائرة ومعها الصحفيون الأجانب لزيارة أزقة بكين القديمة "الهوتونغ"، وإذا قدر لك أن تسافر إلى الصين فلن يدور بمخيلتك أن عاصمة ثاني أكبر دولة بالعالم ليست فقط مدينة حديثة ومتقدمة نموذجا للتقدم الحديث، تحولت بشكل متسارع لإحدى أهم المدن الذكية التي تعج بناطحات سحاب عملاقة تضاهي قرينتها في نيويورك ودبي، وأن التكنولوجيا مستخدمة في كل مكان، وأنه بجوار ذلك شوارع قديمة وأزقة ضيقة يطلق عليها اسم "هوتونغ"، كانت عبارة عن

عشوائيات سابقًا لكن "بلدية بكين" طورتها إلى متحف مفتوح يظهر الثقافة والتاريخ وكيف كان يعيش الصينيون قديمًا، لكي تمتزج مع ناطحات السحاب والمباني الذكية في الحي المالي والكومباوندات الفاخرة بباقي أنحاء العاصمة في سيمفونية رائعة صينية الخصائص والنكهة، وفي بكين يقول أهلها: "إذا لم تزر أزقة "هوتونغ"، فإنك لم تزر بكين أصلا!" وأنه "إذا كانت المدينة المحرمة قلب بكين فإن الهوتونغ شرايينها"، وقد شبهها البعض قائلًا: إن بكين ذات شكل رباعي منتظم، تمامًا كقطعة "التوفو الكبيرة"، وكما أنه ببكين شوارع عامة كبيرة شاسعة، وأزقة ضيقة، وكل من الشوارع والأزقة محددة تمامًا من جهة الجنوب والشمال، والشرق والغرب، وهو ما جعل أهل بكين يمتلكون إدراكا عاليا للاتجاهات.

وحول ميدان "تيان آن من" والمدينة المحرمة، تبدأ الأزقة القديمة المفروشة جميعها بالقرميد الرمادي، والتي تمتد من وسط شرقي المدينة حتى غربها مشكلة مساحة تبلغ ٤,٨ ألف كلم مربع، مكونة من أكثر من ٤٠ ألف منزل و٦ آلاف زقاق، عبارة عن منازل قديمة من دور واحد مبنية بالطوب الرمادي والأحمر والبني، وكان الطبقة الأرستقراطية تتواجد شرقي وغربي القصر الإمبراطوري، حيث كانت الحارات مرتبة على جانبيها بيوت فسيحة وحدائق مسورة، ومع الابتعاد عن القصر إلى جنوبه وشماله كانت أزقة العامة من الناس، حيث يقيم ويعمل التجار والفنيون الحرفيون والعمال، ويختلف لون المنزل وشكل الفصل حسب الدرجة الاجتماعية

لمن يقطنه، فاللون الأحمر يعني أن صاحب المنزل من العائلة الإمبراطورية الحاكمة، وتجد على جانبي الفصل تمثالين للأسد المشهور في الثقافة الصينية القصير وعريض الفم (أسد سوان)، واللون البني يعني أن صاحب المنزل من الطبقة المتوسطة، أما الرمادي فلعامة الشعب، وكان يقطن كل منزل أسرة واحدة فقط، لكن عقب إعلان تأسيس الجمهورية الجديدة وإلغاء الطبقية، تم السماح لأربع أسر وأكثر بالإقامة في منزل واحد خصوصًا في المنازل المربعة التي تحوي أربعة صفوف من الغرف وفناء مشترك عادة.

إذا تجولت في أزقة "الهوتونغ" ستجد الدور الرباعية منتشرة بكثرة، وهي نموذج حرص المهندس "يحيى مختار" على استيحائه من طراز معماري قديم في بكين ومدن الشمال الصيني، وهو الطراز الأكثر انتشارًا بين المساكن الشعبية الصينية لقومية هان، كما أنها طراز مباني المدينة المحرمة، والدار الرباعية مستوية مكونة من غرفة رئيسية وغرفتين جانبيتين شرقية وغربية، تحاط جميعها بساحة الدار المركزية، ويعتقد البعض أن تاريخ الدار الرباعية يرجع لقبل أكثر من ٣٠٠٠ عام، حيث انتشرت في فترة حكم أسرة تشو الغربية (١٠٤٦ - ٧٧١ق.م)

ومع مرور الوقت أصبحت تلك المنطقة عبارة عن عشوائيات شكلت عبئًا على العاصمة، وذلك مع تهدم بعض منها وسوء حالة المراحيض العامة القديمة فيها، حتى نالت بكين شرف تنظيم

الأوليمبياد الصيفية ٢٠٠٨ ، فبدأت الحكومة الصينية تنفيذ مخطط تطوير المنطقة. وهناك تحدثت مع السيد "لي جون" المدير التنفيذي للشركة التي طورت الأزقة القديمة "الهوتونغ"، فأخبرني أن المشروع بدأ في عام ٢٠٠٤ ، حيث تم تخيير سكان المنطقة بين الانتقال إلى المباني الحديثة في أحياء أخرى والحصول على تعويض مناسب، أو مغادرة المنزل حتى تطويره والعودة إليه مرة أخرى، أما المنازل الأخرى، فوفقًا لمسئول الشركة المطورة للمنطقة، فقد تم استغلالها بتأجيرها لإقامة محلات مختلفة بين مطاعم ومقاه وحانات، وتنوعت خدمات تلك المحلات بين ما يواكب العصر من محلات المحمول وإكسسواراته والملابس، وبين أخرى تقدم منتجات تاريخية تتناسب مع روحانية المكان مثل مطاعم "النودلز" والبط البكيني المشوي والباربكيو المتبل الحار وغيره من مشروبات ساخنة وباردة، فضلا عن متاجر لبيع الخزف الصيني، والملابس التقليدية والحُلي المصممة بشكل معاصر، وأن الشركة حافظت على الشكل التقليدي للمنطقة ولم تغير فيه شيئا مثل المصابيح الصينية الحمراء المعلقة في كل مكان، والتي تنبعث من خلفها أضواء زاهية زرقاء وزهرية.

الأزقة القديمة تعتبر قبلة للعرسان الجدد ، حيث يأتي العريس مع عروسه لالتقاط الصور التذكارية قبل زفافهما مرتدين الملابس الصينية التقليدية لقومية هان وسط الجدران الرمادية المنقوشة، مضيفًا أن الشركة صممت تماثيل نحاسية في أماكن بارزة توضح

حياة الناس العادية، فهنا رصدت تماثيل السوق وكيف كانت المعاملة التجارية في البيع والشراء، وأخرى توضح حياة أسرة عادية بين أب يجلس على مائدة وأم تطهو الطعام وطفل يلهو، وهكذا.

وتتضمن البرامج السياحية المقدمة للزوار إمكانية ركوب الدراجة ذات العجلات الثلاثة "تريسيكل"، التي كانت تستخدم قديما في التنقل وسط الأزقة الضيقة، وذلك لعدم إمكانية دخول السيارات إليها حاليًا، فعلى ضفاف بحيرة "شيتشاهاي" المقسمة إلى ٣ أجزاء تتناثر المطاعم والفنادق، وينتشر المتجولون بـ"التريسيكلات" للاستمتاع بالأجواء الساحرة للمكان، والتي تتضمن قصر الأمير "قونغ وانغ" وبرجي الطبل وبوابة "دشنغمن" والمساكن السابقة للمشاهير، بالإضافة إلى قصر "قونغوانغفو"، أكبر القصور حجمًا وأفضل قصر محتفظ بخصائصه، من قصور أمراء أسرة تشينغ، حيث تبلغ مساحته ٣ هكتارات، تواجدت في الحي الغربي ببكين أيضا حديقة "داقوانيوان" التي جاء ذكرها في رواية «حلم القصور الحمراء»، وهي من أشهر أربع روايات كلاسيكية صينية.

وتحوي "هوتونغ" أيضًا عشرات المنازل السابقة للمشاهير، التي باتت مواقع أثرية محمية على مستوى الدولة والمدينة، ومنها منزل مي لان فانغ، فنان أوبرا بكين الكبير المشهور عالميا، الذي يقع في زقاق هوقوسي في حي شيتشنغ، وكان جزءا من قصر لأمير في أسرة تشينغ سابقا، وهو دار رباعية نموذجية، تبلغ مساحته المزيد من ١٠٠٠ متر مربع، وبه ثلاث مجموعات

غرف شرقية وغربية وشمالية، مرتبطة بأروقة مزخرفة، وما زالت قاعة الاستقبال والمكتب وغرفة النوم بها على حالتها الأصلية، فيما يقع منزل "سونغ تشينغ لينغ"، رئيسة الصين الفخرية الراحلة على الشاطئ الشمالي لبحيرة "هوهاي"، الجزء الثالث من بحيرة "شيتشاهاي"، ويحوي حديقة إمبراطورية تبلغ مساحتها أكثر من ٢٠ ألف متر مربع، وكان حديقة قصر أمير في أسرة تشينغ سابقا، وبه دار رباعية وجبل وبحيرة وأروقة، وفيه شجرتان من التفاح البري "شيفوهايتانغ"، يرجع تاريخهما لما قبل أكثر من مائتي عام.

"وانغ لي" أحد سكان "هوتونغ" عبر في حديث شخصي معي، عن مدى فخره واعتزازه بأن عائلته منذ ٧٠٠ سنة قطنت في هذا المكان، وأن روح التاريخ دفعته لعدم المغادرة، موضحًا أن الحكومة الصينية أجرت إصلاحات كبيرة حسنت حياة أهل "هوتونغ"، مثل إصلاح خطوط الغاز الطبيعي والمياه والصرف الصحي ومجاري الأمطار، وتجديد المراحيض العامة وتحويلها إلى أخرى نظيفة بنظام تهوية جيد، وصناديق مراحيض للحيوانات الأليفة وأماكن للفضلات، فضلا عن تجديد الأعمدة الخشبية المنهارة ببعض المنازل بأسلوب تقليدي يحافظ على الطابع التاريخي، وزراعة أشجار وورود في الأماكن البارزة بالمنطقة.

وأهم أسباب بقاء عدد من السكان في "هوتونغ" وفقًا للسيد "وانغ"، هو الجو العائلي الذي لا يتوافر في البنايات الحديثة، حيث يجتمع سكان المنازل الرباعية في الفناء والمنازل الأخري أمام

الأبواب لكي يناقشوا الصعوبات التي تواجههم، وذلك في حلقات تسمى "مجلس البيت الصغير"، حيث أكد أن تلك المناقشات موجودة من ٧٠٠ سنة وقت إنشاء "هوتونغ"، وتوضح مدى الحميمية بين الجيران ومساعدة بعضهم البعض، مشيرًا إلى أن آخر المناقشات دارت حول ضرورة حماية جدران البيوت من الانهيار خصوصًا وقت هطول الثلوج وقت الشتاء أو الأمطار طوال العام، حيث إن عددا كبيرا من الجدران آيلة للسقوط، والشركة المطورة عالجتها بدهانها بالأسمنت وهو أمر يرى أنه غير مجدي، مطالبًا بالبحث عن حلول أفضل، وختم حديثه بأن الرئيس شي جين بينغ زار بنفسه المنطقة فبراير ٢٠١٩، وحضر إحدى تلك المناقشات، موصيًا بضرورة استمرارها تعزيزًا للانتماء وسعيًا لإصلاح الأخطاء وتداركها.

حكايات بيت "لاو شه" للشاي

فإذا أردت أن تنهل من نبع الثقافة والفلكلور الصيني الشعبي، فعليك أن تتوجه إلى بيت "لاو شه" للشاي، مثلما الحال في ساقية الصاوي على ضفاف نيل الزمالك بالقاهرة (أسسها وزير الثقافة الأسبق محمد عبد المنعم الصاوي وتنظم فعاليات ثقافية وأدبية وندوات)، مع بعض الاختلافات. في هذا المكان شعرت أنني في مصر مرة أخرى مع بعض الاختلافات، ففي المدخل تجد رجالا يرتدون جلبابا بلديا فلاحيا (كما هو الحال بالريف المصري الذي نشأت وتربيت فيه) مع كوفية كبيرة (شال رجالي يوضع فوق الكتفين) وطاقية وشاي أخضر وحلويات خفيفة تبرز حقيقة الثقافة الصينية

الثرية للغاية وبها العديد من الأمور التي لا يعرفها الكثيرون.

يجمع بيت الشاي الصيني في قلب العاصمة بكين، بين الفلكلور الشعبي والفعاليات الثقافية والسيرك ويقدم فقرات متنوعة للجمهور منها التحطيب بالسيوف والعصيّ والبلياتشو وخيال الظل، والغناء والموسيقى، والغناء الأوبرالي والألعاب البهلوانية، وفنون وآداب تقديم الشاي عند الصينيين القدماء، وفقرة الساحر، فضلا عن وجود مكتبة حافلة بعدد من المؤلفات الأدبية، وقاعات أخرى لاستضافة الفعاليات الثقافية والأدبية.

و"Lao She Teahouse" هو منزل الشاعر والأديب الروائي الصيني المشهور "لاو شه" "LaoShe" والذي عاش خلال الفترة من ١٨٩٩ - ١٩٦٦م، والذي تبلغ مساحته ٢٦٠٠ متر مربع، وقد ظل مهملا حتى عام ١٩٨٨، حيث قررت الحكومة الصينية افتتاحه للجمهور، وتقديم نفس وجبات الشاي والحلويات التي كان يقدمها "لاو شه" خلال مشاهدة أعماله المسرحية، حيث أن أي زائر بمجرد أن يقطع تذكرة ويدخل المكان، يجد طاولات مربعة عليها أكواب الشاي والحلويات وكراسي وثيرة، وسيدة ترتدي الزي التقليدي تحمل براد الماء الساخن لكي تملأ الأكواب، كما أن الفوانيس المعلقة من السقف، واللوحات وزجاجات الخط - الصيني المعلقة على الحائط تجعلك تشعر وكأنك تدخل "متحف بكين الشعبي القديم"، ومع مرور الزمن، تحول "Lao She Teahouse"، إلى أيقونة تعبر عن روح بكين القديمة، وتعتبرها الحكومة الصينية نافذة لعرض الثقافة

الوطنية وجسرًا يربط الصين ببقية العالم.

خلال الأمسية الجميلة خرجت من القاعة في صالة بالدور الثالث، لأجد فنانين يقومون برسم أشكال على وجوه الممثلين والمؤدين بأصباغ بيضاء وحمراء لكي يتوافق شكل المؤدي أو المؤدية مع الشكل التقليدي للناس قديمًا، وهناك وجدت "أليكس" صديقنا المتطوع الذي يرافقنا في برنامج المركز الصحفي الصيني الإفريقي، وهو شاب جاد لا يمزح كثيرًا ويدرس الماجستير بجامعة رينمين (الشعب) ببكين، سألته عن بيوت الشاي في الصين التي تتخطى فكرة أن يكون مقهى يقدم أكواب الشاي إلى مكان يقدم فكرًا وثقافة وعادات وتقاليد، فقال لي إن هذا النوع التقليدي الذي يقدم أكواب الشاي فقط موجود أيضًا في الصين، وهو مقهى يقدم مشروب الشاي الأخضر بمختلف أنواعه، وتلك المقاهي تنافس متاجر القهوة العالمية مثل "ستاربكس" وغيرها المنتشرة في الصين مع عصر الإصلاح والانفتاح. إن بيوت الشاي المماثلة لبيت "لاو شه" فهي منتشرة في كل ربوع الصين وفي بكين وحدها ثلاثة.

وفقًا لما ذكر "أليكس" هناك بيت الشاي باسم "ليو شيان قوان Liuxianguan" والذي يقع بأحد أقدم شوارع بكين، و"ليو شيان" تعني بالصينية الفضيلة الباقية، وذلك لأنه بيت شاي كلاسيكي على الطراز الكونفوشي، والذي صُنف كواحد من أكثر عشرة أماكن مميزة في آسيا من مجلة تايمز عام ٢٠٠٧، واستقبل نائب الرئيس الأمريكي "جو بايدن" وحفيدته عند زيارته بكين عام ٢٠١٣ (فيما

بعد أصبح بايدن رئيسًا للولايات المتحدة عام ٢٠٢١)، وبداخله يتم تقديم أكثر من ٤٠ نوعًا من العروض الرائعة مع الأنواع المختلفة من الشاي، حيث تقوم النادلة التي ترتدي زيا صينيا تقليديا بوضع مئات من أباريق الشاي المصنوعة من الخزف واليشم ببراعة على المناضد الصغيرة بين المقاعد، كي يستمتع الضيوف بشرب الشاي والاسترخاء مع التعرف على الثقافة الصينية التقليدية من خلال الفعاليات المقدمة. أما بيت الشاي الآخر فهو بيت "منغ هوي تيان تشياو"، وبالقرب منه مسرح "ديون شه سانليتون" في مول "سوهو" الشهير بمنطقة "سانليتون"، وهذا البيت مكون من طابقين على مساحة ٦٠٠٠ متر مربع، ويتميز بأسلوب رسمي في تقديم فقراته وطقوس الشاي للضيوف، فرغم أن الديكور الداخلي كلاسيكي قديم، إلا أنه يحتوي على شاشة "LED" مسطحة كبيرة تعرض ما يقوله الممثلون فوق خشبة المسرح بالصينية والإنجليزية، ويمكن أن تسع قاعة العرض أكثر من ٥٠٠ شخص مع طاولات وكراسي الماهوجني العتيقة، وهذا البيت يقصده الناس عادة بعد تناول وجبة العشاء في المطاعم ومحلات الوجبات الخفيفة المنتشرة في الطابق السفلي لـ"سوهو مول".

يقول "أليكس" إن بيوت الشاي انتشرت قديمًا ببكين في عهد الأسر الملكية، بهدف توفير فرصة لسماع القصص والأساطير لمن يرتادها بجانب الاستمتاع بتناول الشاي، ومع مرور الوقت تطور الأمر إلى تقديم فقرات فنية تقليدية ومسرحيات قصيرة وألعاب سحرية

ورقص فضلا عن المقطوعات الموسيقية، وأيضًا لعب الشطرنج الصيني ولعبة الورق (الكوتشينة). وتُعّرف "هانغتشو" عالميًا بأنها أفضل مدينة تدير بيوت الشاي، وتستضيف سنويًا فعاليات "معرض الشاي الوطني" الذي يستعرض آخر ما توصلت له تقنيات مراحل إعداد الشاي و"احتفالية الشاي على ضفاف البحيرة الغربية"، ووفقا للإحصاءات فهناك أكثر من ٧٠٠ بيت شاي بالمدينة أشهرها بعد البيت سالف الذكر بيت "تاي جي" و"تشينغ تينغ" و"زيجي" و"هيجي". أما في "تيانجين" فبيوت الشاي هناك تشبه تمامًا نظيرتها ببكين، وتحتوي على الشاي والوجبات الخفيفة والغناء الأوبرالي لكن بدون مكياج وتمثيل، ورواية القصص، وأهم الفقرات التي تقدمها بيوت الشاي هناك فقرة "الحديث الهزلي" الذي يعتبره السياح تجربة عصرية لا تفوتهم، وهي فقرة كوميدية تجعل الجمهور ينفجر من الضحك. وفي قوانغدونغ تتميز بيوت الشاي بمظهر وديكور رائعين مع جو ثقافي غني، وتزخر مدينة "قوانغتشو" (جوانزو) بآلاف من بيوت الشاي بعضها مخصص للحرفيين وبعضها فندقي وثقافي، وما يميزها أكثر أن معظمها يقدم الوجبات مثل المطاعم فضلا عن عشرات أنواع من المرطبات اللذيذة، وتكون عادة مقصد الأشخاص الذين لديهم موعد، وعقد حفلات لم شمل الأسرة وإجراء مفاوضات تجارية.

وعاد أليكس ليذكر بيت شاي "قوانين بافيليون" بمدينة "تشنغدو"، حيث أكد أن العراقة تتضح أيضًا من بين جنباته،

فبداخله لا تزال معالم المعبد القديم تمنحه طابعًا خاصًا، والديكورات الخشبية والرسومات الدينية على الحائط المصحوبة بأسقف خشبية عالية، تتخطى في قدمها وتاريخها بيت الشاي الذي افتتح قبل ١٠٠ عام، وحافظ أبناء العائلة التي تديره على تقاليده المتوارثة فيبدأ نشاطه في تمام الرابعة والنصف فجرًا كل يوم حيث يقوم مالك بيت الشاي بوضع غلايات المياه على مواقد الفحم المتقد، ويبدأ في تقديم الشاي الذي يتميز بمذاقه الحلو بفعل المياه المستخدمة والتي تستخرج من بئر عميق بداخله، وهذا هو سر شهرته والإقبال عليه حتى الآن رغم أنه لا يتسع إلا لـ٥٠ شخصا فقط، ويعبر ببنائه ورواده عن أسلوب حياة من الماضي يكاد يندثر تحت عجلة الحداثة والعولمة التي واكبت تطور ثاني أكبر اقتصاد بالعالم. سألته عن مكان زراعة الشاي هناك فقال لي إن "تشنغدو" تعد أحد أهم قلاع زراعة الشاي الأخضر، فعلى سفوح منحدرات "مونغشان" على بعد ١٣٠ كلم من المدينة تجد مزارع الشاي التي ترتوي من مياه الأمطار فقط، يشقها طريق جبلي متعرج يسير بينها صاعدًا الجبل، ومن يسير بسيارته هناك يتراءى له الفلاحون المنتشرون بين أشجار الشاي يقومون بجمعه، وفي هذا المكان إدارة تستقبل السياح وتجعلهم يخوضوا تجربة معالجة الشاي بأنفسهم وتذوقه وتقديره وتناول أطعمة مطبوخة بالشاي وغيرها، فقلت له كيف يشاركون في عملية معالجة الشاي إنها معقدة جدًا وشاقة؟ قال: بالفعل هي عملية معقدة لا يُستخدم فيها ماكينات وتعتمد على قوة العمال المهرة وخبرة الفنيين وحسهم

المرهف في تلك الصناعة للوصول بالمنتج للمستوى المطلوب، لكن السياح عندما يشاركون في تلك العملية لا تكون المشاركة بشكل كامل ولكنه أمر ترفيهي، لذلك فعندما يتذوق الشاي فيما بعد يعلم كم من جهد بُذل لكي يخرج الشاي بهذه الطريقة، ويكفي أن تعلم أن منطقة جبل "مونغشان" تسعى لاستضافة "مهرجان تذوق الشاي الدولي" الذي يقام كل عام في دولة ما وأكثرها في المدن الصينية بصفة الصين الموطن الأصلي للشاي، وهو الحدث الذي يجتذب سياح صينيين وأجانب.

أوبرا بكين فن التمثيل الشامل

أوبرا بكين هي جوهر الفنون المسرحية والثقافة الصينية، ويطلق على أوبرا بكين أيضًا "مسرح بكين"، أو "الأوبرا الوطنية"، ولها تاريخ يمتد من ٢٠٠ عام، غني بقائمة من المسرحيات والفنانين والفرق ولها تأثير واسع، ما يجعلها الأوبرا الأولى في الصين، وتعتبر أوبرا بكين فن التمثيل الشامل، فهو يمزج بين الغناء والقراءة والتمثيل والقتال والرقص معًا لرواية القصص وتصوير الشخصيات والتعبير عن أفكار ومشاعر "السعادة والغضب والحزن والفرح والمفاجأة والخوف والحزن".

فإن كل دور في أوبرا بكين له قناع وزي يعبر عنه، حتى أن الجمهور بات يعرف الدور الذي سيلعبه الممثل بمجرد اعتلائه خشبة المسرح من خلال هيئته والقناع الموجود فوق وجهه، والأقنعة هنا

ليست أقنعة عادية لكنه يتم طلاؤه على وجوه الممثلين بصبغات معينة ذات ألوان محددة مترسخة في عقلية الصينيين على مر العصور، وأهمها الأحمر الذي يرمز للإيجابية والإخلاص والشجاعة، في حين يرمز الأصفر والأبيض للسلبية والخيانة والصفات السيئة، أما الأخضر والأزرق فيرمزان للحيادية، ويرمز الأسود للحكمة والقوة، لذلك فمن السهل معرفة طبيعة شخصيات المسرحية من طيبة أو خبث ومكر، من جمال أو قبح وهكذا، وعُرفت أوبرا بكين بأنها إحدى أهم الروافد الثلاثة للمسرح بالعالم، ومنها الأوبرا الإيطالية المشهورة منذ العهد الروماني.

شاهدت أوبرا بكين التي تجسد "مذبحة نانجينغ" في بكين، لقد قرأت كثيرًا عنها، "نانجينغ" كانت العاصمة في وقت الحكومة المؤقتة لجمهورية الصين، والجيش الياباني احتلها وعمل الذبح والقتل. جسدت المسرحية مأساة "مذبحة نانجينغ" التي ارتكبتها القوات اليابانية بعد غزوها المدينة يوم ١٣ ديسمبر ١٩٣٧، والتي تُعتبر أحد أفظع مذابح القرن العشرين. كان أبطال العرض المسرحي يجسدون أعضاء اللجنة الدولية للمنطقة الآمنة بنانجينغ، وكلهم من الأجانب بقيادة الألماني جون رابي ممثل مكتب شركة سيمنس الألمانية بالصين، وضمت أكثر من ٢٠ مبشرًا ومعلمًا وطبيبًا وصحفيًا وتاجرًا وغيرهم، ورصدت أحداث العرض كيف نظم هؤلاء أنفسهم وأسسوا سريعا منطقة آمنة بنانجينغ، وبدأوا يقدمون المساعدات الإنسانية للمنكوبين من أهالي المدينة، وهي

المنطقة التي تدفق إليها اللاجئون حتى وصل عددهم لأكثر من ٢٥٠ ألف لاجئ، لذلك كانت رسالة العرض الرئيسية هي تقديم شهادة على الأحداث الدامية من وجهة نظر محايدة (الأجانب المقيمين بالمدينة وليس الصينيين)، وكيف أظهر هؤلاء الأجانب الذين رفضوا الهروب مع البعثات الأجنبية والدبلوماسية من نانجينغ، روح الإنسانية وساعدوا بكل ما أوتوا من قوة أهالي المدينة الذين عاشوا في ظل ظروف قاسية. فهم لم يساعدوا اللاجئين في شؤونهم المعيشية فحسب، بل كان الأهم من ذلك نضالهم الإنساني الذي داوى بعض جروح عامة الناس بسبب فظائع الجيش الياباني، فقد استمروا في مقاومة فظائع الجيش الياباني وبذل كل الجهد من أجل نقل تلك الفظائع بأسرع وقت للخارج.

وفي نهاية العرض قال الممثل الرئيسي الذي جسد دور "جون رابي" (لا أذكر اسمه)، إن اليابان لا تزال تنكر الفظائع التي ارتكبها جيشها الإمبراطوري، بحجة أن "مذبحة نانجينغ" اختلقتها الدول المنتصرة في الحرب العالمية الثانية للانتقام من اليابان خلال "محاكمات طوكيو"، ولكن الحقيقة تكمن في أن الأدلة على وقوع المذبحة كثيرة ولا يمكن دحضها، خصوصًا شهادات الأجانب المقيمين بالمدينة والذين كانوا شاهدين على الأحداث، ودونوا شهاداتهم تلك خلال المحاكمات التي أقيمت لمجرمي الحرب اليابانيين.

وبعد العرض هبط ذلك الممثل الذي يبدو أنه مشهور في

الصين رغم ملامحه التي تبدو أجنبية، إلى القاعة وقدمته "بينكي" لنا وكان سعيدًا بوجود صحفيين أجانب قد تابعوا العرض، وقال إن القضية إنسانية بحتة ليس لها علاقة بالسياسة وأن ذلك كان الهدف الأول من العرض، وإن العقل والقلب لا يمكنهما تجاهل قضايا إنسانية مثل تلك، وفي النهاية لا بد للحق أن ينتصر، وعدم الاكتراث العالمي بها يلقي بمسئولية على عاتق الفنانين والكتاب والصحفيين بنقل تلك الرسائل الإنسانية للعالم أجمع لكي تعلمها الأجيال الجديدة وتتذكرها الأجيال السابقة، لعل المشاعر والعقول تتحرك لإحقاق الحق، وإعادته إلى أصحابه، كي لا تتكرر المآسي بحق الإنسان والانسانية.

الباب الرابع: جولة متعمقة في بكين

الفصل الأول: زيارة العظيم كونفوشيوس في معبده

منذ أن بدأت أقرأ عن الصين وأنا أسمع عن الحكيم كونفوشيوس المفكر والمعلم التربوي العظيم الذي أثرى الثقافة الصينية، وامتد تأثيره إلى أن تخلق الصينيون بأخلاقه والمبادئ التي أرساها قبل ٢٥٠٠ سنة، لكنني لم تتوافر لي فرصة زيارة معبده والاقتراب من ذلك الرجل الذي يعتبره الصينيون "نبيهم" الأول. في المساء كنت قد اتفقت مع صديقي الأفغاني "صِدّيق" على زيارة معبده بحي "دونغتشنغ"، وهو المكان الذي كان مخصصًا لعبادة كونفوشيوس على مدار أكثر من ٧٠٠ سنة مرورًا بأسرة مينغ ونهاية أسرة تشينغ التي انتهى حكمها عام ١٩١١م. دخلنا المعبد من بوابة "داتشنغ" التاريخية، على طرفي الشارع انتشرت أكشاك صغيرة لبيع تماثيل كونفوشيوس، ونسخ مقلدة من مؤلفاته، وكراسات تتحدث عن نسله منذ خمسة وعشرين قرنا، واللافت أن عدد المنحدرين من صلب هذا الفيلسوف بلغ وقت كتابة هذه السطور نحو مليون صيني، وأبرز ما طالعنا تمثال ضخم للفيلسوف، ولوحات حمراء كتبت عليها عبارات من مؤلفاته، وخلال فترة الاحتفال بعيد ميلاده

سبتمبر من كل عام تقام فعالية بالمعبد ويصطف على جانبي مدخله رهبان حليقو الرؤوس بلباس أصفر، يحيون القادمين بالطريقة الصينية القديمة بتشبيك أيديهم للإمام بعيدا عن الصدر، ويقدمون التبريكات، لذلك كانت تلك الزيارة فرصة عظيمة لي شخصيًا لعدم توافر فرصة الذهاب لمسقط رأسه بمدينة "تشيويفو" في مقاطعة شاندونغ، وهناك العديد من الآثار والفعاليات التي تنظم عن هذا الحكيم سواء بمانسبة عيد ميلاده أو طوال أيام السنة، ويقول الخبراء إنه إذا أردت الدخول إلى عالم الصين الغامض لا بد أن تمتلك مفاتيحه أولًا، وأحد هذه المفاتيح هي الكونفوشية والطاوية، فقد أصبحتا رسميًا دين وهوية الشعب الصيني على مر العصور، وينبع تأثيرهما بسبب كونهما نشأتا على الأرض الصينية بينما الإسلام والبوذية أديان جاءت من الخارج فلم يكونا مؤثرين مثلهما.

ظهر كونفوشيوس خلال حقبة الربيع والخريف والممالك المتحاربة، اسمه الحقيقي "تشيو"، وكان يعيش مع والدته حياة فقيرة في مدينة "تشيويفو" عاصمة مملكة "لو" بعدما رحل والده متأثرًا بالمرض وهو في الثالثة من عمره، وحينما بلغ رشده بدأ يلقي دروسًا ومحاضرات في الأخلاق الحميدة والعدل وعدم الظلم واحترام الكبير وتقديره، وسرعان ما انتشرت شعبيته لكي يختاره البلاط الإمبراطوري في منصب القاضي الأول للفصل في القضايا الجنائية، ومع انتشار الفساد في أرجاء المملكة اضطر لترك

منصبه الذي شغله ثلاثة أشهر، وغادر المملكة بصحبة تلاميذه، وجال معهم في الممالك الأخرى، وهكذا ظل كونفوشيوس متجولًا بين الممالك المختلفة لمدة ١٤ عامًا، عاد بعدها لمملكة "لو"، وعمل بالتدريس وتعديل وتنقيح الوثائق القديمة حتى توفي، ولأنه عمل طول حياته معلمًا تربويًا فقد بلغ عدد تلاميذه ٣٠٠٠ طالب على الأقل منهم من حققوا إنجازات عظيمة.

رغم وجود مئات المعابد المخصصة لكونفوشيوس في طول الصين وعرضها، إلا أن جوهرة تلك المعابد الموجود بمسقط رأسه مدينة تشيويفو بمقاطعة شاندونغ، والمبني على شكل متاهة من التلال الكبيرة، مليئة بأبراج الأجراس والأعمدة الخشبية المنحوتة على شكل التنانين الأسطورية، وألواح حجرية نقشت عليها أقوال الفيلسوف، وأبنية المعبد تشبه القصور، وتغطي تسعة أفنية على خط محوري من الجنوب للشمال، وهناك غرف وقاعات كثيرة في المعبد منها القاعة الكبيرة والقاعة الصغيرة والمقصورة ومذبح القرابين والصالون و٥٤ قوس نصر، على مساحة ١٤٠ ألف متر مربع، والمعبد محاط بسور أحمر تتوسطه أقواس النصر وأبراج الزاوية.

أما في معبده ببكين فإنك ستجد أقدم نقش حجري في الصين كلها إذا ما دخلت من بوابة "داتشنغ" التاريخية، حيث يتراص على جانبي الممر عشرة ألواح حجرية منقوش عليها قصيدة تصف الصيادين، وهي اللوحات المعروفة باسم "أحجار الصيادين"، وتم

نقشها في عهد الإمبراطور "تشيان لونغ" لأسرة تشينغ، وإذا استكملت المسير فستجد المبنى الرئيسي للمعبد وهو قاعة "داتشنغ" بنفس اسم البوابة، وبداخلها قصر يحمل الاسم نفسه، وهو المكان الذي اتخذه أباطرة الأسر الثلاث سالفة الذكر مقرًا لمراسم الاحتفال وتقديم الاحترام والتحية للعظيم كونفوشيوس، وبداخلها تواجهك ستارة مذهبة مطرزة برسوم مباركة كما يقبع صندوق خشبي يقال إنه خاص بكونفوشيوس نفسه وبداخله رأينا لوحة تذكارية للحكيم، وعلى جانبيها لوحات مماثلة لاثني عشر حكيمًا، وقد تعرضت تلك القاعة للتدمير بسبب الحروب، حتى تمت إعادة بنائهما في عهد الإمبراطور "تشيان لونغ"، إمبراطور أسرة تشينغ عام ١٧٣٧م.

يعتبر معبد كونفوشيوس ببكين نسخة مصغرة من معبده بمسقط رأس الفيلسوف في مدينة "تشيويفو"، حيث يتتبعه في الديكور والمباني والزينة، لكن الأخير يتميز بوجود قدس الأقداس بالمعبد وهو حائط "لو" المشهور، وقيل إنه بناء استطاع "المعلم كونفوشيوس" أن يخفي بين أحجاره كتبه وتعاليمه عندما أصدر أحد أباطرة الصين أمرًا بحرقها واعتقاله، ولحسن الحظ أن قوات الإمبراطور لم تعثر على هذه المؤلفات ولم تتمكن من اعتقال صاحبها الذي توارى عن الأنظار، ما جعل المعبد يبلغ عدده أكثر من ٢٠٠٠ معبد للحكيم الراحل في كلّ من الصين ووريا واليابان وفيتنام وإندونيسيا وسنغافورة والولايات المتحدة ودول أخرى، كما يعتبر أحد أقدم المباني بالصين، حيث تستمر طقوس العبادة به

منذ ٢٤٠٠ عام، مما جعله يتصدر المعابد الصينية من حيث المدة.

الفصل الثاني: الأكاديمية الملكية "قوتسيجيان"

بجوار معبد كونفوشيوس ببكين، تقبع الأكاديمية الملكية الفخمة المعروفة باسم "قوتسيجيان"، وتعتبر الأكاديمية الملكية "قوتسيجيان"، أعلى مؤسسة وطنية تعليمية في عهد أسر يوان ومينغ وتشينغ على التوالي، وأعلى هيئة حكومية لإصدار قرارات تخص التعليم، وهو ما يعرف الآن باسم وزارة التربية والتعليم، وقديمًا كان يطلق عليها لقب "الأرض المقدسة"، لأن من يقرأ كتب الحكماء فيها يصبح قديسًا، وبمجرد دخولك الأكاديمية من بوابة "آندينغ" تعرف لماذا بناها الإمبراطور "دا ده" إمبراطور أسرة يوان عام ١٣٠٦م على يمين معبد كونفوشيوس، حيث جرى النظام التقليدي على أن يكون المعبد يسارًا والمدرسة يمينًا، وفي الداخل بمواجهة بوابة "آندينغ" تجد قصر "بييونغ" المبنى الرئيسي للأكاديمية الذي بني عام ١٧٨٤م، على يد إمبراطور يحمل نفس الاسم في عهد أسرة تشينغ، وهذا القصر يعتبر أحد أعظم ستة قصور عريقة ببكين، مبني على شكل مربع طول ضلعه ١٧,٥ متر فوق قاعدة حجرية متراصة فوق بعضها البعض وسقفه رباعي مزدوج قمته مرتفعة للسماء على شكل قبة وأطرافه مرفوعة للأعلى من الجهات الأربعة كمعظم المباني القديمة بالصين. ومن الداخل تجد السقف

مطعم بالقطع الذهبية والأرضية من البلاط الأصفر المزجج، وعلى الواجهة الخارجية لوحة كبيرة كتب عليها الإمبراطور "بييونغ" عبارة من أربعة رموز صينية تعني "تكمن السعادة في طلب العلم"، والقصر يتميز عن العمارة الصينية القديمة بأنه ليس مبني على أعمدة فقط حوائط حاملة باتساع حوالي ٣١٦ متر مربع، ويتوسطه من الجهة الأمامية كرسي الإمبراطور المزين بأشكال التنين وعلى جانبيه مقعدان للوزراء والثلاثة فوق منصة خشبية عالية يُصعد لهم بسلم من ست درجات، ويقال إن الإمبراطور كان يُدرس بنفسه في الأكاديمية في غُرف الدرس الـ٣٣ المنتشرة على الجانبين، والتي يطلق عليها اسم "القاعات الست"، وكانت تتم فيه المراحل النهائية من الامتحان الإمبراطوري الذي ظل معمولاً به حتى نهاية عصر أسرة تشينغ عام ١٩١١م، وخارج القصر تجد بحيرة يفصلها عنه سياج رخامي أبيض ويعبرها جسر حجري على شكل قوس تقف على جهاته الأربع صنابير مياه، ويقف أمام البوابة قوس تذكاري ضخم وهو القوس الوحيد بالصين الذي شُيد خصيصًا للتعليم.

الفصل الثالث: حَمَامَات أزقة "الهوتونغ" ببكين

بعدما انتهينا أنا وصديقي الأفغاني "صِدّيق" من زيارة معبد كونفوشيوس، اكتشفنا أننا سنموت من الجوع، اقترحت عليه فكرة الذهاب إلى الأزقة القديمة "هوتونغ" لتناول الطعام بالمطاعم التي

تقدم وجبات لذيذة هناك، وافق على الفور، وبعد أقل من ساعة كان سائق "تاكسي ديدي" قد أوصلنا للأزقة القديمة، سريعًا بحثنا عن مطعم مناسب وتناولنا الغداء وكان عبارة عن شرائح "بط بكين" الشهيرة بالصلصة الحارة مع "باربكيو" وطبق "نودلز" كبير بالمرق واللحم، كانت وجبة لذيذة للغاية ورخيصة في الوقت نفسه، ففي تلك المنطقة عشرات المحلات التي تتنافس لتقديم وجبات أرخص سعرًا وأحلى جودة لجذب الزبائن والزوار من الصينيين والأجانب. بعدها قررنا التجول وسط الشوارع وتناول "الآيس كريم" من المحلات الكثيرة التي تتفنن في أشكال وألوان وطعم "الآيس كريم"، عندما مررنا على واحدة من الدور الرباعية (سيخيوان)، وكنت قد تحدثت عنها من قبل، سمعنا صوتا صفيرا موسيقيا بديعا قادما من السماء ومعه صوت صفير آخر قادم من الأرض، نظرنا للأعلى فوجدنا سرب حمام ضخما يحلق بالأعلى، لم نعرف وقتها أنه مصدر الصوت القادم من السماء، لكننا وجدنا فوق سطح تلك الدار يقف شاب ينفخ في صافرة مناديًا على الحمام، وهي عادة منتشرة في القاهرة، فقلت لصديقي "صِدّيق" إن أهل القاهرة القديمة يعرفون تلك العادة وأنا بصفتي قادم من بلاد الأرياف شمال القاهرة لدينا أيضًا العادة نفسها لكن بطريقة مختلفة، ولما سألني عن تلك العادة قلت له إننا في مصر نعشق تربية الحمام حتى أننا في محافظة "المنوفية" شمال القاهرة نقوم بتربيته في أبراج كبيرة مبنية من أواني فخارية مرصوصة بعضها فوق بعض بشكل هرمي مخروطي، وذلك فوق أسطح المنازل وبجوارها وبين الحقول

وهكذا. وعادة ما تكون فوهة الأواني الفخارية للداخل بحيث يعيش فيه الحمام، وقبل غروب شمس كل يوم تبدأ أسراب الحمام تعود إلى أعشاشها داخل تلك الأواني، وحتى لا تضيع بعضها وتذهب لأبراج أخرى، يقف صاحب البرج يلوح بشارات حمراء أو زرقاء على حسب ما تدرب الحمام عليه ويرشده إلى البرج المفترض أن عشه بداخله، وفي بعض الأحيان يستخدم صافرات مثل التي يستخدمها حكام كرة القدم، ولكل شخص صوت صافرة معين يكون الحمام يعرفه جيدًا، وفي القاهرة القديمة لا تزال تلك العادة موجودة حتى أن الدراما والسينما تناولتها أكثر من مرة.

وتحدث "صِدّيق" مع الشاب الواقف فوق سطح المنزل الرباعي ضاحكًا لكنه لا يفهم، كان يشير لنا مبتسمًا دون أن يفهم شيئًا فطلب منه الهبوط فرفض إلا بعدما ينتهي من مهمته في استدعاء الحمام، فهمنا ذلك طبعًا من لغة الإشارة، فضحكنا. وقبل أن نهم بالانصراف خرج من الدار شاب آخر يتحدث الإنجليزية ويسألنا عما نريده، فأشرنا له إلى الشاب الواقف في الأعلى فقال إنه شقيقه الأكبر لكنه لا يتحدث الإنجليزية، فقلنا له إننا نريد أن نعرف ما حكاية تربية الحمام والصافرات التي يستدعيه بها، فابتسم ونادى على شقيقه شارحًا له ما نريد فطلب منا الدخول حتى نحصل على واجب الضيافة أولًا بعدها ممكن أن نتحدث، وفي الداخل كانت الدار الرباعية كبيرة وبديعة ما يدل على أن أهلها من الأثرياء وفقًا لما هو متبع قديمًا، جلسنا على مقاعد صغيرة وجلس الشاب أرضًا يعد

لنا أكوابا من الشاي الأخضر، ثم بدأ الحديث وهو يقدم لنا أكواب الشاي الدافئة، حيث قال إن صافرات الحمام كان أمرًا مشهورًا عن بكين قديمًا منذ عهد الأباطرة حتى الآن مع أشياء أخرى مثل برجي الجرس والطبل وعصير "فول الصويا" وأعواد العجين المقلية في الزيت واسمها "يوتياو"، ولكنها كلها أشياء أصبحت من الماضي، فقلما تجدها في بكين الحديثة. فقصصت عليه حكاية المصريين مع تربية الحمام والصافرات والشارات الملونة. وهنا ابتسم قائلًا إن الشعوب القديمة أصحاب الحضارة متشابهة لحد كبير، لكننا في بكين أضاف أسلافنا أشياء أخرى للصافرات، فعادة ما نعلق في ذيل قائد سرب الحمام صافرة صغيرة حتى إذا طار مر الهواء منها مصدرًا صوتًا يكون مرشدًا لباقي أفراد السرب، فهمت وقتها سر الصوت القادم من السماء، وقلت له إننا في مصر نضع خاتم في ساق الحمام وهو صغير وندون عليه اسم كل حمامة أو اسم صاحبها وسنة الميلاد، فقال إن الأمر مختلف هنا ولعلك لاحظت وجود صوت صفير قادم من الأعلى والسرب يحلق فوق الدار، هذا الصوت من الصافرة الموجودة في ذيل قائد السرب، وأحيانا لا يتكفي البعض بقائد السرب، فيضع صافرات مماثلة في ذيول باقي الحمام لكي يتحول المشهد إلى أوركسترا موسيقية رائعة، قال عنها فنان أوبرا بكين الشهير "مي لان فانغ" إنها "سيمفونية في السماء"، وهو الصوت الذي يقابله صوت صافرة صاحبها على الأرض يرشدها ويناديها لمكان مبيتها، لكن الآن مع الحداثة والتطور انخفض عدد هواة تربية الحمام في بكين بشكل كبير، فالمشهد الذي رأيتماه

اليوم لن يتكرر كثيرًا هنا.

سألته عن تاريخ تربية الحمام في الصين، فقال إنها هواية عريقة بدأت عندما كانت الجيوش تستخدم الصافرات كإشارة لبدء الهجوم في المعارك، وفي عهد أسرة سونغ الجنوبية (١١٢٧-١٢٧٩م) كان السلام يعم الأرجاء فلم يكن أمام الجنود شيء يفعلونه، فانتشرت بينهم هوايات تربية الأسماك والحمام، ثم استخدموا الصافرات المستخدمة في الحرب في استدعاء الحمام وقت الغروب للمبيت أو ربطها في ذيله والاستمتاع بالموسيقى الصادرة وقت تحليقه جيئة وذهابًا، ثم تحولت إلى عادة لدى عامة الناس وبات هناك تنافسًا بينهم حول سرب من فيهم صاحب الصوت الأشجى والأكثر عذوبة، وحاليًا تحولت تلك الصافرات إلى لعبة للأطفال، لكنها ثقافة فريدة لها تاريخ، ثم إن الصافرات هنا مختلفة فهي مصنوعة من البامبو (الخيرزان)، هنا كان شقيقه قد هبط من فوق السطح ورحب بنا قائلًا: أهلا بزوارنا الكرام، ومد إلينا يده اليمنى قائلًا: اسمي "تشانغ لي" وهذا أخي "تشانغ يو"، أهلا بكما في منزلنا المتواضع. بعد هذا الموقف تغيرت فكرتنا عن هذا الشاب، فقد بدا ودودًا مضيافًا لكن اللغة فقط هي كانت تقف عائقًا، وطبعا كنا نفهم ذلك من ترجمة شقيقه لحديثه. كان يمسك بحمامة في يده وفي اليد الأخرى صافرة متوسطة الحجم، وبدأ يشرح قائلًا إن هذه الصافرات غالية، لأن صنعها عملية معقدة تتطلب دقة كبيرة بدءًا من تصميم المواد ونحتها والنقر بداخلها وفتح الشقوق والتركيب

والصقل وأخيرًا الطلاء بالورنيش، وتستغرق صناعة أبسط صافرة يومين كاملين وتزيد المدة بزيادة تعقيد الصافرة، والجزء الأكثر أهمية فيها الذي يصدر منه الصوت حيث يجب أن يكون متناغما بإيقاعات وألحان متسقة، ما يتطلب دقة في التصميم وصبرًا في عملية السنفرة، وكلما زاد عدد الفتحات كلما أصبح الصوت أكثر اكتمالا وجمالا ، وقديمًا كان هناك من يحترف تلك الصناعة، لكن مؤخرًا مع انتشار ناطحات السحاب انخفض عدد من يجيدون صنع صافرات الحمام بانخفاض الطلب عليها وعدد هواة تربية الحمام، وأريد أن أقول لك إن صناعة صافرات الحمام موهبة فكرية لدى أهل بكين، لكنها أصبحت من الذكريات.

الفصل الرابع: المعبد السماوي

المعبد السماوي اسم كان غامضًا بالنسبة لي، ووقت أن كنا نتواجد بالمركز الصحفي كنت أرى خارجه قبة المعبد، ولما عرفت اسمه وقتها سألت نفسي متعجبًا: لماذا أسموه باسم السماء؟ هل لأنه مبني على مستوى أعلى من مستوى المنطقة المحيطة به؟ بدد صديقي حيرتي عندما قال إن المكان كان يستخدم قديمًا لتقديم أباطرة أسرتي مينغ وتشينغ القرابين لإله السماء في بداية كل سنة قمرية وتحديدًا في الشهر الأول الذي يوافق نهاية فصل الشتاء وبداية الربيع، والصلاة من أجل الحصاد الوفير ونزول الأمطار،

وإن المعابد أو "المذابح" كما يحب الصينيون أن يصفونها، لم تكن قديمًا مكانًا لتقديم القرابين فقط، لكن أيضًا لكي يلتقي البشر مع أرواحهم بتقديم قرابين يحصلون بموجبها على البركة والنعمة، ونظرًا لأن بكين كانت مقر حكم ست أسر ملكية فهي تزخر بتسعة معابد وثمانية أديرة، وإذا نظرت لطريقة اختيار مكان بنائها ورسمها التخطيطي يمكنك فهم القيم الاجتماعية والفكر والثقافة بالعصور القديمة، كما تم بناؤها وفقًا لأحدث مستوى علمي وتقني في فنون العمارة بتلك العصور، فرد "صِدّيق" مؤكدًا كلامي: لذلك فإن معبد السماء يحوي أكبر مجموعة مباني موجودة حتى الآن لعبادة السماء بالعالم كله، وهو ما يعكس احترام الصينيين وتقديسهم للسماء، كما يعكس مدى إتقانهم لفن العمارة بما جعلهم يقدمون تلك التحفة المعمارية، وقد بدأ تشييده عام ١٤٦٠م بأمر من إمبراطور أسرة مينغ "يونغ له"، وعندما تم الانتهاء منه كان قد رحل لكي يقود نجله الإمبراطور "تشو دي" في رأس السنة القمرية عام ١٤٢١م، موظفي البلاط والوزراء والعسكريين لتقديم القرابين لإله السماء هنا لأول مرة، معلنًا انتقال العاصمة من نانجينغ إلى بكين، وأطلق عليه معبد السماء والأرض، وذلك لأنه كانت تقدم قرابين لآلهة السماء والأرض، في قاعات مثل قاعة العبادة الكبرى المغطاة بالقرميد الأصفر وخلفها خزينة الإله وقاعة الذبح، ثم توالت التعديلات خلال حكم أباطرة مينغ، إلا أن تلك التعديلات لم تمس السمت الأساسي للمعبد ونظامه المعماري المبني على خط محوري ذو اتجاهين من الشمال للجنوب والعكس، وتتوزع المباني على طول

هذا الخط بدءًا من قاعة "هوانتشيو" عند بوابة "تشاوهنغ" جنوبًا، وقاعة "هوانغتشيونغيوي"، وجسر "دانبي"، وصولا لقصر "تشينيان" بالقرب من بوابة "بيتيان" شمالاً وهو القصر الذي يحتضن معبد "تشيفو" مكان تأدية الصلاة لإله السماء، بالإضافة للمباني الملحقة المخصصة للذبح والطبخ الموزعة على الجانبين بشكل متناغم، ما كان يضفي على الطريق الذي كان يسير عليه الإمبراطور لتقديم القرابين مزيدًا من السحر والغموض.

بدأنا رحلتنا بالمعبد السماوي من الجنوب، حيث قصر الصيام مربع الشكل والذي كان يسكنه الإمبراطور قبل مراسم تقديم القرابين ويصوم عن الطعام، وهو مبنى يبدو كمدينة صغيرة محاطة بخندق مائي يلفه كله وجدران عالية، ويضم قاعة أمامية لاستقبال الضيوف وغرفة نوم الإمبراطور وغرفة للحراسة وأخرى للخزانة وبرج الجرس الذي كان يستخدم وقت تقديم القرابين، فكانت الأجراس تقرع فيه إيذانًا ببدء الإمبراطور مراسم تقديم القرابين، فضلا عن قاعة الحجر وبداخلها تمثال من البرونز يحمل لوحة كُتب عليها كلمة "الصوم" بالصينية، وبالقرب منه في الغرب أيضًا قصر "شنله"، وهو مكان كان مخصصًا لتدريب فرق الغناء والرقص المشاركة في المراسم، وبجواره مكان لذبح الأضاحي المقدمة كقرابين، وجنوبًا أيضًا هناك قاعة "هوانغتشيو" والتي كانت معبد يحمل الاسم نفسه مبني من الرخام الأبيض بشكل دائري مثله مثل كل المعابد الموجودة بالمكان ويعود سبب الشكل الدائري إلى أن السماء من وجهة نظر

الصينيين القدامى دائرية الشكل، والمعبد ليس به غرف لاعتقادهم بأن السماء فارغة وبالتالي فإن الأضاحي كان يجب ألا تذبح داخل الغرف، وجنوب المعبد تقع قاعة "هوانغتشيونغيوي"، وهي قاعة دائرية أيضًا، وفي الشمال قاعة الصلاة للحصاد الوافر وهي مغاطة بالقرميد المغطى بالبلاط الأزرق المزجج، وكانت المكان الذي كان يتم تخزين اللوحات التذكارية للأباطرة فيها.

ويأتي بعد، ذلك في الأهمية، معبد "تشيفو" داخل قصر "تشينيان" القريب من بوابة "بيتيان" شمالًا، والمعبد عبارة عن مبنى دائري طويل من ثلاثة طوابق حجرية، تلتف حوله سلالم رخامية بينها لوحات من نفس نوع الرخام منحوت عليها نقوش ومناظر تجسد التنين وطائر العنقاء وهما يحلقان في السماء وسط السحب، وكل مباني المعبد السماوي مختلفة ومستقلة في النمط والشكل المعماري، وتتميز بوجود خاصية صدى الصوت داخلها لإضافة مزيد من الرهبة على طقوس تقديم القرابين، وكانت تلك القرابين تقدم في ذلك المعبد وفي معبد آخر بجواره اسمه "هوانغتشيو" وكان المقر الرئيسي الذي اتخذه الأباطرة لإقامة الشعائر الدينية، وتقديم القرابين للآلهة والأجداد. وفي كل جانب من جانبَي القاعة أربع منصات حجرية مربعة الشكل، موضوع فوقها مجموعة من الألواح الخاصة بالإمبراطور "نورهس"، وثمانية آخرين من أجداد أسرة تشينغ.

وبين الحشائش وأشجار الصنوبر الواقعة في جنوب الممر

المحوري، تقع نماذج للأحجار السبعة وهي أحجار تمثل القمم السبعة لسلسلة جبال "تاي"، وبعدما تولت أسرة تشينغ الحكم، أضافت لها حجرا ثامنا من جبل "تايشان" بوصفه ينتمي لنفس سلسلة الجبال. يقول "صِدّيق" أيضًا الذي يبدو أنه قرأ كثيرًا عن المعبد السماوي، إن تصميم المعبد ومبانيه بشكل دائري نظرًا لاعتقاد الصينيين أن السماء دائرية، أما القاعات فكانت رباعية لاعتقادهم أن الأرض مربعة الشكل، كما أن المعبد غير متناظر بمعنى أنه يحتوي على جدارين أساسيين، يقسمانه لجزئين، مذبح داخلي، وآخر خارجي، ولا يقع هذان المذبحان على خط محوري واحد ، حيث يقع المذبح الداخلي شرق الخارجي، وليس في وسطه كما هو متوقع، كما أن المباني الرئيسية في المذبح الداخلي قد تم بناؤها في الناحية الشرقية منه، وذلك لإطالة المسافة بين الحائط الغربي والخط المحوري للمذبح، حيث اعتاد الناس سابقًا الدخول من البوابة الغربية للمعبد السماوي، ما يجعل الناس يشعرون بالاتساع الشديد للمذبح، كما يستشعرون كذلك فخامة الهيكل البنائي له وعظمته.

الفصل الخامس: قوانين "الهوتونغ"

انتهينا من جولتنا في المعبد السماوي وكنت مستمتعا جدًا بها وقررنا الذهاب مرة أخرى لتناول الغداء في أزقة "الهوتونغ"

القديمة. وطلبنا "هوت بوت" أو القدر الساخن المشهور في بكين، وهي وجبة تقوم بإعدادها بنفسك حيث يضع النادل أمامك قدرا به ماء يغلي وأسفله شعلة من النار، ثم تضع شرائح اللحم والخضروات وتنتظر قليلًا حتى تطيب ثم تأكلها باستخدام العصايتين (أعواد الأكل الصينية).

بعد الغداء وانطلقنا قاصدين برجي الطبل والجرس بالدراجة، وصلنا أولًا إلى برج الطبل الذي يقع على الطرف الشمالي من المحور المركزي في بكين، شمال شارع "ديآنمن"، وتم بناؤه خصيصًا بهدف إخبار أهل المدينة بالوقت في العصور القديمة، فقد كان في ساحة الدور الثاني منه ساعة مائية التي كانت أداة حساب الوقت، لكن أباطرة أسرة تشينغ استبدلوها بالساعة الشمعية، وضعنا الدراجتين جانبًا وقررنا الصعود للبرج العتيق، يتكون البرج من طابقين، في الأول تجد ثلاثة أبواب في جهة الشمال ومثلها جهة الجنوب، وبابا واحدا جهة الشرق ومثله ناحية الغرب، وللصعود للطابق الثاني كان لزامًا علينا صعود سُلم من ٦٩ درجة بعد المرور من باب بالشمال الشرقي. وهناك أعلى السلالم تقبع الطبلة الرئيسية في الساحة، وكان بها ٢٤ طبلة صغيرة ولكن مع مرور الأيام والحروب وأحداث الفوضى التي شهدتها العاصمة ضاع معظم الطبل وبقيت الطبلة الرئيسية، وكانت تلك الطبول تُقرع قديمًا في السابعة من مساء كل يوم معلنة نهاية التجول بالمدينة، حي ينتشر الحراس (خفير الدرك)، في حين كان "البكينيون" يستيقظون كل صباح على أصوات

الأجراس في الخامسة صباحًا التي تنطلق من برج الجرس، وقد بدأ الإمبراطور "تشي يوان" إمبراطور أسرة يوان تشييد برج الطبل عام ١٢٧٢م، ثم تعرض لحريق كبير وأعيد بناؤه عام ١٢٩٧ في عهد الإمبراطور "دا ده" من نفس الأسرة، وتهدمت أجزاء منه لكي يُعاد بناؤه مرة أخرى عام ١٤٢٠ في عهد إمبراطور أسرة مينغ "يونغ له"، لكن تصيبه صاعقة دمرته مرة أخرى، ويعيد بناءه إمبراطور نفس الأسرة "جيا جينغ" عام ١٥٣٩م.

وعلى بعد ١٠٠ متر منه يقع برج الجرس الذي شُيد في نفس وقت تشييد شقيقه برج الطبل، ومر بنفس مراحل الدمار بالحريق وإعادة البناء التي مر بها برج الطبل، لكن الفارق أن الرحالة الإيطالي "ماركو بولو" ذكر برج الجرس في كتاب رحلاته، حيث قال إن آخر مرات إعادة بنائه كانت بالطوب والأحجار تجنبًا لتعرضه للحريق مرة أخرى دون اللجوء للأعمدة الخشبية، كما يقف على بابه الجنوبي نصب تذكاري أقامه الإمبراطور "تشيان لونغ". ويحمي البرجان المدينة المحرمة من الخلف، ومع كل شروق كانت أصوات الجرس تدوي بواقع ١٠٨ دقائق، حتى أنه يروى أن صوته كان يسمع على بعد ٥٠٠٠ متر خارج المدينة، حيث يعلق جرس عملاق داخل البرج يصل ارتفاعه إلى ٥,٥٥ متر وقطر ٣,٤ متر ويزن ٦٣ طنا تقريبًا، لذلك فعندما يقرع يظل صوته القوى مستمرًا لفترة طويلة.

الفصل السادس: أسرار القصر الإمبراطوري والمدينة المحرمة

وفي الخامس من مايو كانت كلية بكين الدولية لتعليم اللغة الصينية "BICC"، قد أعدت لنا رحلة إلى المدينة المحرمة، في السابعة صباحًا تحرك بنا الأتوبيس إلى المدينة المحرمة التي تفتح بواباتها الخشبية الضخمة في الثامنة من صباح كل يوم، وهي تتصدر المكانة الأولى على مستوى القصور العالمية من حيث المساحة أو مساحة المباني، حيث تبلغ مساحتها الإجمالية ٧٦٠ ألف متر مربع ومساحة المباني قرابة ٢٣٠ ألف متر مربع. ولأن الخشب هو العنصر الرئيسي في بنائها، تعرضت للحريق أكثر من مرة وأعيد ترميمها دون الإخلال بهيكلها الأساسي. بالنسبة للصينيين فإن اسمها ليس المدينة المحرمة لكن اسمها "تسي جين تشنغ" وبالصينية تعني اللون القرمزي وتشير كلمة "تسي" إلى نجم "تسيوي" ذو اللون البنفسجي، وهذا النجم مقر السكن السماوي للإمبراطور في معتقدات الصينيين القدامى ومغزى ذلك أن مقر السكن الأرضي المقابل له لا بد أن يحمل نفس الاسم، و"جين" تعني محظور أو محرم على العامة دخوله، أما "تشنغ" فهي المدينة، وتعني "المدينة القرمزية المحرمة". وتشتمل على ٩٩٩٩,٥ غرفة، وهذا الرقم له مغزى، حيث ساد الاعتقاد في الصين القديمة بأن قصر إمبراطور السماء مكون من عشرة آلاف غرفة تمثل الكمال تماما، ولما كان إمبراطور الصين يعتبر نفسه ابن السماء، فمن الضروري أن يكون قصره

أقل من قصر إمبراطور السماء، فهو يكاد يقترب من الكمال ولكنه لا يبلغه. لسنوات طويلة، ظلت المدينة المحرمة مركز السياسة والحكم في الصين الإقطاعية، فكانت مقر الإقامة الإمبراطوري ومقر الحكم لأربعة وعشرين إمبراطورًا في فترة أسرة مينغ (١٣٦٨-١٦٤٤م) وفترة أسرة تشينغ (١٦٤٤- ١٩١١م).

نظرت إلى العرش الموجود داخل القاعة الرئيسية لقصر "تايخه" والتي كانت مغلقة حفاظًا على العرش الإمبراطوري والمفروشات والأثاث المذهب حوله، وكتم هناك التنانين الذهبية البالغ عددها ثلاثة عشر تنينًا والتي تحوم حول العرش بالكامل. لكن لماذا الإفراط في استخدام التنين؟ فهو دائمًا ما يمثل قوى الشر في مخيلة من يتابع السينما والدراما الغربية. إن التنين في الثقافة الصينية لم يكن أبدا قوة شر بل العكس فالخير كان يأتي بسبب وجوده وفقًا لمعتقدات الصينيين القدامى، وهو أحد الوحوش الأربعة الكبرى بالصين القديمة، وواحدًا من أبرز الأبراج المألوفة هنا، وهكذا نعرف أن الصينيين لديهم شعور عميق لا يوصف تجاه "التنين"، ما يؤكد أن ما تصوره السينما الغربية من أنه يطير وينفخ النار من فمه ليحيل المدن حريقًا وخرابًا ليس التنين الحقيقي الذي تخيله الصينيون قبل آلاف السنين، فالتنين الحقيقي يأتي على شكل "حية الزيزفون" وفقًا للأساطير القديمة وهو أهم أنواع التنانين الميمونة المباركة، ولاحقًا أُدخلت عليه كثير من التغييرات الغامضة فخلعوا عليه القدرة على استدعاء الرياح وإنزال المطر وإخصاب الأرض، كما أن لديه القدرة

على الطيران في الجو والسباحة في البحر، ولديه القدرة أيضًا على فتح التواصل بين الناس والأرواح السماوية، وهو الحية المقدسة الرادعة، وأصبح كذلك رمزًا للإمبراطور. ومع تلك التغيرات بات صعبًا معرفة أي أشكال التنين هو الأقدم، لكنه وصل من القداسة لدرجة أنه كان أحد الآلهة التي يعبدها الصينيون، وذلك نابع من شخصية الإلهين "فو شي" و"نيوا" المرتبطين بأسطورة خلق العالم وهما والدا المخلوقات كلها وجاء من نسلهما الخلق كله، ولأنهما كانا ثعابين بأجساد بشرية، فقد ارتبط التنين كذلك بشكل الثعبان وأيضًا التمساح وهما الحيوانان المنتشران في الحضارات القديمة، لذلك جاء التنين برأس تمساح وجسد ثعبان ملفوف. فقلت لمرافقتي إنها عادة موجودة في مصر منذ عهد المصريين القدماء حتى الآن في بعض مناطق الجنوب التي ازدهرت فيها الحضارة المصرية القديمة، فقالت: بالضبط وهناك معتقد آخر أنهما مرتبطان بالماء وأن السمكة يمكنها أن تتحول إلى تنين، وهناك قصة مشهورة في هذا الشأن عن "سمكة الشبوط التي قفزت فوق بوابة التنين"، وكان الهدف من تقديس التنانين أو الحيوانات الأسطورية الحامية في المقام الأول حيث كان الصينيون قديمًا يشعرون بالخوف من الظواهر الطبيعية المدمرة مثل السيول والأعاصير والزلازل والبراكين وخلافه، فكانوا يعتقدون أن تلك الحيوانات قادرة على حمايتهم لما تتمتع به من قدرات سحرية خارقة.

حقيقةً لقد تعجبت من بناء مدينة كاملة من هياكل وألواح

خشبية قد تتعرض للتدمير بالكامل إذا ما تهور شخص ما وأشعل فيها عود ثقاب واحد ، وإن بناء قصور المدينة من الخشب بالكامل كان له أكثر من هدف، أولها أن العمارة الصينية القديمة تتخذ من الخشب أساسا ترتكز عليه في البناء، لأنه تتميز بمقاومتها الشديدة للزلازل خصوصًا وأن أساسات المباني الخشبية كانت من التربة المدكوكة المدعومة بالحجارة، ومن بين تلك الحجارة تُنصب الأعمدة الخشبية ثم تُثبت عوارض من الخشب أيضًا بالأعلى. والغريب أن كل ذلك يتم دون دق مسمار واحد، فالربط بين الأخشاب يتم بتقنية "العاشق والمعشوق" أو "التعشيق"، وكلها عوامل تُكسب تلك المباني الخشبية مقاومة عالية للزلازل وسهولة تركيبها وفكها مرة أخرى. ولكن سلبيات تلك المباني أنها تقف عاجزة أمام الحرائق وأيضًا الأمطار وهجمات النمل الأبيض.

فوق أسطح مباني المدينة المحرمة تقف مجسمات صغيرة لبعض أنواع الحيوانات الغريبة على كل زاوية من زوايا الأسقف الأربعة، إن عدد تلك المجسمات ١١ مجسما يتقدمها رجل يطلق عليه لقب "الرجل الخالد"، ويظهر ممتطيًا طائر العنقاء، خلفه عشرة تماثيل لحيوانات هي على التوالي وفقًا للقوة: التنين، والأسد، والحصان السماوي المجنح (حيوان أسطوري)، وفرس البحر، والأسد سوان (حيوان أسطوري يشبه الأسد)، وسمك الببغاء يايو (حيوان أسطوري برأس أسد وجسم سمكة)، وحيوان شيهتشي (حيوان أسطوري بجسم غزال أو خروف، ورأس فرس النهر)،

والثور المصارع، وحيوان "شينغشي" (حيوان القرد الأسطوري)، وأن كل حيوان منها وترتيب وضعه له مغزى ودلالة معينة. فحيوانا التنين والعنقاء يرمزان للسمو والرفعة والشرف لذلك تقدما الصف، ثم الأسد دليل على القوة والشجاعة، والحصان المجنح الأسطوري دليل على علو المكانة، وفرس البحر يرمز للإخلاص والشجاعة والبركة، والأسد "سوان" يرمز للحماية والأمان، وسمك الببغاء يايو يرمز للقدرة على تسخير الرياح وإنزال المطر وإخماد الحرائق، وحيوان "شيهتشي" الأسطوري يرمز للعدالة والإيثار، أما الثور المصارع فيرمز لإخماد الحرائق ومقاومة الفيضانات، وحيوان "شينغشي" أو القرد الأسطوري فمهمته إبطال السحر، ومقاومة الصواعق، وإخماد الحرائق.

وعرفت أن وجود تلك الحيوانات بهذه الطريقة لها أصل في الأساطير، إنه أثناء تشييد المدينة المحرمة، أمَرَ الإمبراطور "جايد" (حاكم الجنة وجميع نواحي الوجود بالأسفل بما في ذلك البشر والجحيم) الطيور والحيوانات بحراسة قصورها، لذلك حرص الأباطرة على وضع مجسمات صغيرة لتلك الحيوانات، فسألت الفتاة المشرفة على زياتنا عن رأس التنين الموجودة على طرفي سقف كل قصر وقد أطبق فكيه على السقف، فقالت إنه بسبب معتقد آخر عند الصينيين القدامى بأنه بذلك سيحمي التنين القصر من خطر الفيضان، والحرائق. ناهيك عن دور تلك المجسمات في تثبيت القراميد ببعضها البعض بالإضافة لمنظرها الجمالي، حيث أن

لها دورا فعالا في منع تآكل أجزاء السقف جراء هطول الأمطار، كما أنها نموذج حي يعكس براعة الحرفيين القدماء في استخدام العناصر الخشبية، وتشكيلها لتصنيع مثل هذه الحليات البديعة.

على أبواب القصور الرئيسية بالمدينة تقف ١٢ أسدا نحاسيا ضخما، هي تجسيد للأسد "سوان" الأسطوري الذي يشبه الأسد، لكن فكه أعرض وعيناه جاحظتان ينظر نظرة مفترسة وكأنه يستعد للهجوم، ويتميز بكتفين عريضين وأرجل مفتولة العضلات وصدر منتفخ بالعضلات أيضًا، وتحت قدمه اليمنى كرة حديدية لها سلسلة يبدو أنه يستخدمها في محاربة الأعداء. وهناك من يقول إنها كرة أرضية ومعناها أنه يسيطر على الأرض، في حين تضع الأنثى قدمها اليسرى على أحد أطفالها الصغار بما يدل على كثرة الأبناء. وتجد تلك الأسود أمام قصور "تايخه"، و"تشيانتشينغ"، و"يانغشين"، و"نينغشو"، و"تشانغتشون"، في حين هناك تماثيل أخرى لأسود من نفس النوع لكن أصغر حجمًا ومذهبة وهي موجودة أمام القصور التي يتخذها الإمبراطور مكانًا لنومه.

وإذا قدر لك عزيزي القارئ وزرت الصين ستلاحظ أمام مداخل المطاعم والفنادق والمنازل خصوصًا في "الهوتونغ" تماثيل لنفس نوع أسود "سوان" لكن من الحجر، ترحب بالزبائن وتحمي المكان من الشرور والأعداء، وقديمًا في العهد الإمبراطوري الإقطاعي، كان مسموحا فقط للمسئولين من الدرجة الخامسة وأعلى أن يضعوا تماثيل أسود "سوان" الحجرية الضخمة خارج بوابات بيوتهم.

الفصل السابع: لا تعتبر نفسك بطلًا حقيقيًا إذا لم تصعد سور الصين العظيم حتى قمته

انتهت رحلتنا في المدينة المحرمة، وبدأنا الاستعداد لرحلة إلى سور الصين العظيم. وفي اليوم التالي كان الأتوبيس ينتظرنا للتحرك في السابعة صباحًا كالمعتاد، إلى منطقة "بادالينغ" أهم الأجزاء المتبقية من السور، والتي تقع بحي "يانتشينغ" في بكين، وقد بُني هذا الجزء في عهد أسرة مينغ، وظل محتفظًا بحالته الأصلية حتى الآن، فهو أكثر الأجزاء تمثيلًا للسور العظيم قديمًا، وكان أهم ممر عسكري في عهد أسرة مينغ الملكية، وحاجزا وقائيا هاما للعاصمة.

في أعلى جزء من السور بالمنطقة سالفة الذكر، هناك مقولة خالدة للزعيم ماو تسه دونغ تقول: "لا تعتبر نفسك بطلًا حقيقيًا إذا لم تصعد سور الصين العظيم حتى قمته". كما قال الرئيس "نيكسون" حينما زاره: "الأمة العظيمة فقط، هي التي تتمكن من تشييد بناء ضخم مثل هذا". وفي عام ١٩٨٧، أُدرج سور الصين العظيم بـ"قائمة التراث العالمي"، باعتباره أعجوبة تاريخية إنسانية، فهو إرث ثقافي زاخر بالمعاني الثقافية، غير أنه مُحاط بمناظر طبيعية خلابة فريدة.

وبخلاف "بادالينغ"، هناك أجزاء مهمة أخرى بالسور مثل

ممر "شانهايقوان"، الذي يبلغ طوله ٢٦ كلم ويحظى بشهرة هو الآخر وعُرف بمدخل البحر، وجزء "لاو لونغتو" الملقب بـ"الروح الصينية"، وممر "جيايويقوان" نقطة انطلاق السور من الغرب، والذي شيِّد كذلك في عهد أسرة مينغ، خلال حكم الإمبراطور "هونغ وو" عام ١٣٧٢، ويعد الممر من أهم الممرات بالسور التي بقيت على حالتها منذ تشييدها حتى الآن، كما كان أحد المحطات الهامة بطريق الحرير.

بدأ بناء سور الصين العظيم بمجرد توحيد البلاد على يد الإمبراطور الأول لأسرة تشين "تشين شي هوانغ"، كي يتجنب هجمات الأقليات الشمالية وعدوانهم على البلاد، حيث أنفق في بنائه أموالًا هائلة واستعان بأعداد هائلة من العمال، كان الأمر كله يعتمد على الجهد البشري، غير أن بيئة العمل كانت في غاية الشقاء، فمات الكثيرون خلال مراحل البناء، وهذا أدى لاستياء الناس وكرههم لمشروع بناء السور.

سور الصين العظيم أحد عجائب الدنيا بطول نحو ٢١ ألف كلم، ويبدو وكأنه تنين عملاق يلتف حول بكين ومدن الصين القديمة، فهو يمتد لمسافات طويلة مخترقًا سلاسل من الجبال الشاهقة، ومتجاوزًا سهوبا شاسعة، وصحارى مترامية الأطراف، متجهًا نحو بحر شاسع، بدءًا من جبل نينغهو بمقاطعة لياونينغ شرقًا، وينتهي غربًا بمنطقة "جيايويقوان" في مقاطعة قانسو، ويمر عبر سبع مدن، ومقاطعات، ومناطق ذاتية الحكم هي لياونينغ،

وخبي، وبكين، ومنغوليا الداخلية، وشانشي، وشنشي، ونينغشيا، وقانسو، وتشينغهاي. ووفقًا لما ذكرته السجلات التاريخية، فقد ظل مشروعًا رئيسيًا على مر العصور المختلفة، وتعاقب على الصين أكثر من عشرين حاكما وأسرة إقطاعية حاكمة خلال مراحل بنائه، إلا أن أسرتي تشين ومينغ هما الأشهر، وفي عهد الأخيرة، تعرضت مناطق الشمال لتهديد مستمر من زعماء أقليات الشمال (قبائل الهون)، فلم تتوقف عمليات البناء طوال فترة حكمها التي استمرت مائتي عام، بهدف تأمين الحدود الشمالية، فأصبحت أسرة مينغ هي أكثر الأسر الملكية الحاكمة في تاريخ الصين التي أنفقت وقتًا طويلًا في بناء السور، فقد شُيّد في عهدها أكبر قدر من أجزاء السور، كما اتسم نظامه الدفاعي حينها، بأنه الأكثر تكاملًا على مر العصور، كما يُعد نظاما هندسيا دفاعيا متكاملا في الصين قديمًا، وساهم في حماية الشعب والاقتصاد بمنطقة السهول الوسطى، كما عزز من التنمية الاقتصادية والحضارية بها.

كانت الآلام تهاجم قدمي بسبب صعوبة التسلق، وهنا قررت الهبوط مستقلًا التاكسي الطائر أو "التليفريك" وهو قطار سريع يسير معلقًا في كابلات فولاذية عملاقة، ومن نوافذ التاكسي توافرت لي إطلالة بانورامية على مشاهد الجبال الطبيعية الساحرة، وإن بدت مخيفة بانحداراتها الحادة وصخورها الداكنة، لكن أشجارها الغابية التي تتسلق المتعرجات والسفوح حتى أعالي القمم بعثت في نفسي ألوانا من البهجة والانشراح، وفي الأسفل عند نقطة البداية كانت

أصوات الباعة من حملة الصور وكتيبات السياحة ومناديل الحرير والتذكارات المتنوعة، تكاد تشغلني حتى عن الاستغراق في التأمل والحوار مع هواجس الذاكرة ونداء الأعماق. وبعد هنيهة وصل أفراد المجموعة تباعًا وتوجه الجميع للمطعم الموجود بالساحة المجاورة لنقطة البداية، وبعد قسط من الراحة ذهبنا إلى قاعة تعرض أفلاما وثائقية عن السور وتاريخه والحقب التي تعاقبت عليه والمناطق التي يمر منها، وكيف كان يستخدمه الصينيون قديمًا ليس فقط لصد هجمات الغزاة ولكن أيضًا كنقطة بداية للتبادلات التجارية والاقتصادية بين الصين والممالك الأخرى على طول طريق الحرير، فضلا عن كونه رمزًا مهمًا لنوايا الصينيين الحسنة ورغبتهم في تحقيق السلام.

ورغم الإرهاق والتعب الذي ألم بأجسادنا جميعًا، إلا أنني تذكرت الأيادي التي أبدعت في بناء السور وترميمه على مر العصور، عندما انطلق بنا الأتوبيس عائدًا لأحضان قلب العاصمة بكين، وبداخلي تداخلت مشاعر وأفكار معطرة بأنداء تلك الجبال التي يتهادى السور فوقها، وانتابتني حالة رومانسية غامرة، محاولًا استعادة صور من قصائد وأغان احتفى بها تاريخ السور وترددت عبر أرجائه رددها العمال وهم يشجعون بعضهم البعض على مواصلة العمل، أو الجنود وهم يبنون النقاط الحصينة والدفاعات.

الباب الخامس: هاينان، الجنة والمنفى الإمبراطوري الإجباري

الفصل الأول: "أتلانتس" المفقودة، وجدتها في "سانيا"

جزيرة هاينان في أقصى جنوبي الصين، وتقع في قلب بحر الصين الجنوبي، وتخطط الحكومة الصينية إلى تحويل مدينة سانيا الواقعة على طرفها الجنوبي إلى أكبر مركز تجاري لوجيستي مماثل لسنغافورة وميناء "جبل علي" الإماراتي. هناك تجد غابات أشجار جوز الهند مجاورة للرمال البيضاء على الشاطئ ومع المياه الزرقاء الصافية، تعطيك مشهدا طبيعيا متكامل الألوان، وإذا قدر لك أن تذهب هناك فستجدها مثل جزر هاواي الأمريكية وجزر المالديف وأيضًا جزيرة بالي الإندونيسية، بل إن البعض يفضل قضاء شهر العسل فيها عن الأخيرة. كانت زيارتنا تتمركز في مدينة سانيا المطلة على بحر الصين الجنوبي أقصى جنوبي الجزيرة، ومنها كنا ننطلق في رحلات يومية إلى مدن وقرى قريبة ونعود في نهاية اليوم إلى سانيا مجددًا، وفي سانيا المناخ الاستوائي يتميز بشمس دافئة طوال أيام السنة.

وصلنا مدينة سانيا في المساء ونزلنا في منتجع "أتلانتس" وتناولنا العشاء بالمطعم الموجود في حديقة الفندق، والذي يعمل بطريقة "البوفيه المفتوح"، تنوع الطعام فيه بين الصيني والغربي أيضًا، لكن أبرز ما كان يزين طاولة المأكولات نصف ثمرة جوز الهند ممتلئة بعصيره المشابه للبن واللذيذ للغاية، وقد كنت أول من اكتشف وجودها وأخذت أكثر من طبق منه حتى أنني كنت أراقب عمال المطعم وهم يقومون بتغيير الثمرة الفارغة بأخرى ممتلئة حتى أهرول طالبًا المزيد، كانت المرة الأولى لي التي أتناول فيها شراب جوز الهند، ووقتها عرفت أن الجزيرة بها غابات مكتظة بتلك الثمار النادرة في بلدي مصر، ما ملأ نفسي بسعادة كبيرة.

في منتجع "أتلانتس" البالغة مساحته ٥٤٠ ألف متر، قضينا نصف برنامجنا اليومي، فهناك وجبة سياحية ترفيهية مستوحاة من أجواء المحيطات تشير إلى قارة "أتلانتس" الأسطورية، ويزخر المنتجع بقرابة ١٣٢٤ غرفة وجناحا لتثمر صورة رائعة مستوحاة من الحياة البحرية تُسحر الضيوف وتأخذهم في تجارب خيالية، ويمزج التصميم في منتجع "أتلانتس سانيا" بين عناصر جمالية حديثة وبين أفكار مستوحاة من البحار ممزوجة بعناصر من حضارة سانيا الثرية، مما يجعل أجواء المنتجع أقرب إلى فردوس مائي ساحر يستشعر الزائر فيه أجواء "أتلانتس" المفقودة.

وفي المنتجع متحف "الحجرات المفقودة" وهو عبارة عن غرف ضخمة يبلغ حجمها اتساع كل منها منزل من خمسة طوابق، به نوافذ

زجاجية يطل الزائر من خلالها على عالم المحيطات عن قرب، ومعرفة المزيد عن تنوع الكائنات البحرية فيه، وهناك تستطيع أن ترى عن قرب مختلف أنواع الأسماك من القرش الضخم إلى الأسماك الملونة الصغيرة والمحار وسرطان البحر الأقل حجمًا. وفي طرف آخر بالمنتجع تقع مدينة "أكوافنتشر" المائية، وهناك تجد عشرات من الألعاب المائية الترفيهية التي تتخيلها والتي لم تسمع عنها أصلا، ويمكن للضيوف التفاعل مع الحيوانات البحرية في منطقة الدلافين ومنطقة أسد البحر، أو تناول الطعام في مطعم "أوسيانو" تحت الماء، وكنت أرى أن برنامجنا اليومي لو اقتصر على ذلك المنتجع لكفى، لكننا ذهبنا في النصف الأول لبرنامجنا إلى "صخرة نهاية العالم" على طرف المدينة، وهو مصطلح أطلقه قدامى الصينيين باعتباره نقطة نهاية الإمبراطورية على الشاطئ، فقد أطلقوا على هذا المكان اسم "نهاية السماء وحافة البحر".

وفي جزيرة أخرى مجاورة ذهبنا إليها وجدنا معرضا مائيا مفتوحا، حيث يمكن أن ترى هناك أسماك القرش الصغيرة وإطعامها بنفسك وتلعب مع الدلافين وتلك كانت المرة الأولى لي، ولكن لأن ليس بهذه الجزر فنادق مناسبة فإن الإقامة هناك لفترة طويلة صعبة، لكنها مزودة بأماكن للغطس لاستكشاف الكهوف والمرجان والشعاب المرجانية والدلافين مثلما هو الحال في شرم الشيخ والغردقة كما ذكرت، كما تحتوي على مراكز تقدم رياضة الإبحار المظلي، وهي عبارة عن الطيران بمظلة أعلى البحر مربوطة

في لانشات كبيرة تسير بسرعة مناسبة وتجر المظلة وقائدها معها ونظرًا لخطورة ذلك فقد اكتفت إدارة البرنامج بجعلنا نشاهد بعض السياح وهم يطيرون بمظلاتهم فوق البحر.

الفصل الثاني: قهوة هايناني على الذوق المصري

في اليوم التالي كانت لنا رحلة طويلة إلى مدينة "واننينغ" على الشاطئ الشرقي للجزيرة، التي تشتهر بزراعة القهوة والفلفل الأسمر وقصب السكر والموز، وتجمع بين المناظر الاستوائية والشواطئ الفخمة على ساحل طوله ١٠٩ كلم، وهاينان مشتى يقصده سكان المناطق الباردة بشمالي الصين، ورغم الأسعار المناسبة فإن مياه البحر غير ملوثة، وهناك ذهبنا إلى حديقة "شينغلونغ النباتية" وفيها تستطيع أن تأخذ جولة مع جهاز كومبيوتر لوحي "تابلت" مزود بثمانية لغات يعطي الزائر خريطة للحديقة مع توضيح تفاصيل كل جزء فيها، أعارت إدارة المرزعة كلا منا قبعة من الخيرزان وانطلق بنا "الطفطف" يجول طرقات المزرعة، ففيها تجد مزرعة كبيرة للبن، وهناك عرفت أن القهوة هي المشروب الصباحي لأهل المنطقة كما عندنا في مصر، وفنجان القهوة لا يتكلف أكثر من ٣ يوانات، حقيقةً لقد أعجبني طعم ومذاق القهوة، فهو نفس طعم ومذاق القهوة التي اعتدت عليها في مصر، فأهل المنطقة يتناولون القهوة الداكنة الثقيلة التي أحبها.

معظم المصريين لا يكتمل صباحهم بدون فنجان من القهوة ورائحتها القوية، ومنا من يشربها مع حليب، والبعض يفضلها محلاة، والآخر يفضلها سادة، فطرق إعداد القهوة لا تنتهي وكلٌّ له ذوقه. هناك الرواية تقول إن شتلات البن جاءت من جنوب الصين من خلال طرق التجارة لدول القرن الإفريقي، ومنها إثيوبيا وكينيا واليمن في جنوب شبه الجزيرة العربية وهي الدول التي تزرعه حتى الآن.

ففي المزرعة تجد أشجار الكاكاو بجوار أشجار البن في مزرعة أخرى كبيرة، إذا دخلتها فستشعر بأنك داخل جنة من الشيكولاتة، فهناك ثمار الكاكاو تتدلى من الأشجار وما عليك إلا أن تقطفها وتقشرها وتبدأ في أكلها، لكن مرشدتنا الصينية قالت إنك لو تناولتها هكذا فإنها ستكون مُرة الطعم، لأنها بدون إضافات أو معالجة، لكنها بالتأكيد ستكون غنية بالمواد المضادة للأكسدة الصحية والمفيدة للجسم. بجوار المزرعة هناك مساحة تظللها مظلة خشبية كبيرة وفترشها مناضد ومقاعد من نفس نوع الخشب مخصصة لتذوق البن والكاكاو، وهناك احتسيت كوبين كبيرين من القهوة اللذيذة، حقًا إنها مشجعة على الاسترخاء بعد يوم طويل من المشي، ومع القهوة يقدم المكان أيضًا الشاي الأخضر بالفانيليا، بالإضافة إلى مشروبات أخرى من الشيكولاتة والشيكولاتة بالحليب وجوز الهند وخلافه.

الفصل الثالث: استكشاف أسرار هاينان

قررت أن أستكشف ما فاتني ولم أحظ بزيارته في الجزيرة من خلال صديقي "مايكل"، فضلا عن المزيد من الأسرار والأساطير التي كان يعرفها الرجل، فقال لي إنه في هاينان قديمًا كان السكان الأصليون يعتقدون أن الرجل الراغب في الزواج لا بد أن يمتلك عددا كبيرا من الأزيرة (جمع زير وهو إناء فخاري كبير يوضع في الماء) وذلك لأنه كان الوسيلة الوحيدة للحصول على مياه الشرب من تجميع الأمطار الساقطة فوق سطح المنزل، وعكس ما اعتدنا عليه، يمتد موسم الجفاف في هاينان من نوفمبر إلى إبريل من كل عام، أما في الفترة من مايو إلى أكتوبر فالأمطار تهطل في أي وقت، لكن بسبب ارتفاع درجة الحرارة تتبخر بسرعة. ويقول الناس إن الجزيرة نشأت بسبب انفجارات بركانية ما وفر كنوزا خمسة: تربة خصبة ومناظر خضراء ومياه نقية وينابيع ساخنة وصخور ركانية صلبة، ويوفر للسياح فرصة دخول الكهوف البركانية بصحبة السكان المحليين وبعض الشموع الطويلة. الجزيرة بها أكثر من ١٠٠ بركان خامل.

بدأ يتجول "مايكل" معي بمدينة هايكو العاصمة على الساحل الشمالي من الجزيرة، فهي تلقب بمدينة جوز الهند لانتشار غابات الجوز فيها. وهناك اهتمام كبير بحماية البيئة ودرجة الحرارة

هناك منخفضة قليلًا عن سانيا ليس فقط، لأن إطلالتها على البحر ليست كبيرة، لكن لأنها تتمتع بأحزمة خضراء كبيرة من حدائق وملاعب جولف ومنتجعات واسعة تعتمد على المساحات الخضراء في تكوينها. لذلك فسيكون من الممتع استنشاق الهواء وأنت تسير في "شارع الأقواس" الذي يعتبر أقدم شوارع المدينة والذي يزخر بمبان بنيت على الطراز الإغريقي اليوناني، وبناها الصينيون العائدون من الخارج في عشرينيات القرن الماضي، وهذه "الأقواس" معروفة باسم "الباكيات"، وهي عبارة عن ممر كبير واسع يمثل الرصيف المجاور للشارع ولكنه مغطى بجسم المبنى نفسه، لذلك فإنه يعتبر جزءا من الدور الأرضي ولكنه مفتوح على الشارع، ويمر المتجول في الممر على محلات تبيع مختلف السلع. وتعتبر تلك المنطقة الأكثر جذبًا في المدينة حيث تحوي مطاعم ومقارا لقنصليات أجنبية وبنوك ومكاتب شركات كبرى وهكذا، كما أن هناك بالقرب من "شارع الأقواس" سوق للمأكولات ويعمل في المساء فقط، وهناك تستطيع الاستمتاع بوجبة "دجاج ونتشانغ" الشهيرة المطعمة بالتوابل والإضافات الحارة اللذيذة.

وفي هايكو أيضًا "منتجع ميشن هيلز" وهو المنتجع الأكبر للجولف في العالم، ويقع على بعد ربع ساعة فقط من وسط المدينة ومطار "هايكو ميلان" الدولي، والذي استضاف فعاليات كأس العالم للجولف وبطولة آسيا القارية، وقد حصلت الملاعب على جوائز دولية عديدة.

كما تتضمن هايكو "ميناء هاينان" وهو أضخم ميناء بحري للتجارة الحرة في جنوبي الصين، وبه مئات المشاريع التنموية مثل منشآت البنية الأساسية والمرحلة الأولى من قاعدة صيانة محركات الطائرات، ومنطقة صناعية لسلع ذكية متقدمة في منطقة "يانغبو" للتنمية الاقتصادية ومشروع مرسى اليخوت في منتجع "سانيا الاستوائي" بالجنوب. ومثلما الحال في المنطقة الحرة في سانيا، فقد استفادت هايكو من اجراءات الإعفاءات الجمركية على السلع. كما أطلق ميناء التجارة الحرة أول خطوطه للشحن الجوي العابر للقارات، حيث يربط هذا الخط بين هايكو والعاصمة الهولندية "أمستردام"، وحملت الطائرات في رحلاتها الأولى مئات الأطنان من السلع من مطار "هايكو ميلان" الدولي باتجاه مطار "سخيبول أمستردام"، لتكون هذه أول خطوة تخطوها المقاطعة لبناء شبكة ومركز للشحن الجوي الدولي، وبشكل أساسي، تتألف السلع الصادرة على متن الرحلة الجوية من منتجات إلكترونية وسلع عامة، بينما تضم السلع الواردة قطعا لغيار السيارات ومنتجات للتجارة الإلكترونية، وإطلاق خط الشحن الجوي يفسح المجال كاملا لدور ميناء التجارة الحرة كمركز للخدمات المتكاملة لسلسلة الإمداد العالمية في إطار مبادرة "الحزام والطريق".

وانتقل بنا صديقي "مايكل" وهو يمسك بخريطة توضح هاينان بالكامل إلى "ونتشانغ" على الساحل الشرقي للجزيرة، والتي تسمى مدينة الصينيين العائدين من الخارج، وفيها تجد ثقافتهم حاضرة

بقوة ليست في طريقة الحديث والطعام فقط لكن في كل شيء، حيث حملوا لمحات من الحضارات التي هاجروا إليها وقت الحروب التي تعرضت لها الصين في آخر قرنين من الزمان، حتى عادوا منتصف القرن العشرين مرة أخرى ليستوطنوا هناك، وتاريخيًا المدينة ضاربة في عمق التاريخ ويعود إنشاؤها لما قبل ٢٠٠٠ سنة، وهو ما يتضح من معبد كونفوشيوس الذي يعتبر شاهدًا على مراحل تطور المدينة، ففي المعبد تجد الفصل الرئيسي كان يُفتح فقط لمن تجاوزوا الامتحان الإمبراطوري بتفوق، أما الفصل الصغير فهو للعامة من الناس. وفي المدينة تجد الدجاج طعمه لذيذ أفضل من نظيره في باقي أنحاء الصين، ويقول أصحاب المطاعم هناك إن السبب يعود إلى أن الدجاج يعيش على ثمار جوز الهند وقشر الفول السوداني.

وإلى "تشيونغهاي" انتقل "مايكل" بالحديث عن ثاني المدن على الساحل الشرقي، وهي المقر الدائم لمنتدى "بوآو الآسيوي". وتعتبر المدينة مصب نهر "وانتشيوان" في بحيرة صغيرة تفصله عن بحر الصين الجنوبي وهي أصغر جزيرة رملية تفصل مصب نهر عن البحر، لذلك فقد دخلت موسوعة "جينيس العالمية". وينبع نهر "وانتشيوان" من قمة "ووتشيشان" وهي أعلى قمة في الجزيرة، ويقولون عليه النهر الأم للجزيرة، وفي منبع النهر تقام فعاليات رياضية ترفيهية مثل ركوب القوارب المطاطية والسير وسط الغابات المطيرة الاستوائية في النهر واجتياز شلالاته الصغيرة، ثم تسلق

الجبل شديد الانحدار، وهناك درجة الحرارة معتدلة إلى حد ما حيث تصل ٢٥ درجة مئوية في فصول الصيف وتنخفض لأقل مستوياتها إلى ١٦ درجة فقط في فصول الشتاء، وهناك تتوافر للسياح فرصة الهبوط مع الشلالات العالية لمجرى النهر باستخدام الحبال، وهناك تشعر أنك في غابات الأمازون بالبرازيل.

وفي مدينة "ووتشيشان" بمنتصف الجزيرة تجد درجة الحرارة في حدود ٢٣ درجة مئوية طوال العام، وقد سميت المدينة بهذا الاسم بسبب وجودها بين مرتفعات جبل "ووتشيشان" وفيها إحدى قممه "جبل الأصابع الخمس"، وذلك لأن قمة الجبل على شكل أصابع اليد، لكن تسلق الجبل يتطلب ارتداء ملابس طويلة الأكمام لمطاردة الناموس والمعطف البلاستيكي الواقي من المطر، وهي القمة التي تعتبر الأسهل في التسلق عكس باقي القمم شديدة الانحدار وخطيرة في التسلق، ومن فوق قمة الجبل يقوم السائحون عادة بركوب القوارب المطاطية والسير مع المجرى المنحدر للنهر للأسفل.

أما في محافظة "باوتينغ" المجاورة، تجد إحدى قمم جبل "ووتشيشان"، وتسمى "قمة الجنيات السبعة"، وبها منتجعات وسط الغابات الاستوائية، على سفح الجبل، وبها ينابيع ساخنة تعمل على علاج الأمراض الجلدية واسترخاء العضلات والمفاصل وتنشيط الدورة الدموية، ويعتقد البعض أن الاستمتاع بالينابيع الدافئة لا بد أن يكون بالقرب من البحر أو على قمم الجبال الجليدية ولكن هنا

يمكنك الاستمتاع بتلك الينابيع، فتجد كل فيلا بالمنتجعات مزود بينبوع ساخن، وفي المحافظة تجد مساحات كبيرة من زراعات من الأرز، وتقدم الفنادق الموجودة هناك لنزلائها فرصة النزول لمزارع الأرز وتجربة زراعته في وقت الزراعة أو حصاده وقت الحصاد أو ريه في منتصف الموسم، ويجب على كل نزيل ارتداء قبعة من الخوص للحماية من أشعة الشمس.

وفي الجنوب الغربي حيث مدينة "دانتشو"، كانت محطتي التالية على خريطة "مايكل"، حيث تنتشر طيور "مالك الحزين" النادرة، والتي ترعى على حقول الأرز وتتخذ من الأشجار أعشاشًا لها. وهناك أيضًا أقدم مزارع استخراج الملح منذ ١٢٠٠ سنة، وهي صناعة ضخمة يعمل فيها مئات الناس في استخراج الملح الذي يترسب فوق الصخور البركانية بعدما تجف المياه القادمة من البحر في وقت المد ويقيم الأهالي حواجز طينية تمنع تسربه.

وبالقرب من المدينة تقع قرية "تشونغخه" القديمة، هناك ستجد قصرا مهيبا كبيرا قد بناه "سو دونغ بوه" وهو أحد الموظفين المفصولين من البلاط الإمبراطوري، ولأنه كان شاعرًا وأديبًا فقد سحرته طبيعة الجزيرة الخلابة، وبنى في تلك القرية قصرا منيفا، فلم يكن الرجل أديبًا فقط ولكنه كان معماريًا بارعًا عالما بفنون الهندسة، وفي القصر كان يعلم أبناء الجزيرة العلوم والفنون، ومع الوقت حوله إلى أكاديمية ساعدت الأجيال الجديدة على محو أميتها وعلمهم كيف يجتازون الامتحانات الإمبراطورية. وفي قصره كتب

قصائد كثيرة عن الحياة الهادئة، ولأن أهل القرية عشقوه فلا يزالون يعلقون أبياتًا من شعره على أبواب منازلهم، كما يضعون صورًا تخيلية له داخل وخارج المنزل اعتزازًا وتقديرًا لما قدمه من إسهامات.

إلى الجنوب من "دانتشو" هناك مدينة "تشانغجيانغ"، تجد كهف الإمبراطور وهو كهف من الحجر الجيري واسع من الداخل في حجم ملعب كرة قدم، وفي المدينة محمية الأراضي الرطبة التي تعيش فيها عشرات أنواع من الطيور، والمحمية بها غابات واسعة تطل على الشاطئ الغربي لبحر الصين الجنوبي، واسمه شاطئ "تشيتسي وان" الغني بالأحجار الملونة في الجزء المنبسط منه، أما الجزء الآخر فكله أحجار صعبة التضاريس يقصده هواة الصيد.

وفي الجبال القريبة تجد محمية "باوانغلينغ" الطبيعية التي يعيش فيها أكثر من ٢٥٠٠ نوعًا من الحيوانات والنباتات وقرد "الجيبون" النادر وهو أكثر أنواع القرود تهديدًا بالانقراض، وإذا تجولت من خلال الممرات الخشبية التي تخترق الحديقة طولًا وعرضًا فستصادف علماء الحشرات والأشجار النادرة الذين يقصدون المحمية لإجراء تجاربهم العلمية، كما قد يجعلك الأكسجين الصافي تشعر بالدوار، لكنك عليك أن تحترس من أن يسقط "العلق" على وجهك وهو أحد الحشرات الزاحفة التي تكون موجودة على غصون وجذوع الأشجار.

وفي مدينة "دونغفانغ" أقصى نقطة جنوب غربي هاينان، تجد خزان "داقوانغبا" الكبير من مياه النهر العذبة تم احتجازها خلف سد كبير يحمل الاسم نفسه بهدف توفير إمدادات المياه العذبة لسكان هاينان، كما يحتوي الخزان على كميات كبيرة ومختلفة من الأسماك، ويوفر المياه اللازمة لري مزارع الأرز الواسعة، التي تعتبر مصدر غذاء أهل المنطقة، كما يعتبر الخزان الذي يصل عمقه لأكثر من ٥٠ مترًا ليس مكانًا للأسماك الضخمة فحسب، لكنه مكان لمزارع الأسماك، وفي المدينة أشجار الورد الأصفر "هوانغهوالي"، وهي نوع نادر من الأشجار.

في مدينة "دونغفانغ" أيضًا، تجد غزلان منحدرات "داتيان" وهي نوع نادر من الغزلان يواجه خطر الانقراض، وسبب كونها نادرة طريقة مشيها الراقية وساقيها النحيلتين، فعندما تجري فإنها تقفز مثل "الكانجارو" وليس كباقي الغزلان، وكادت أن تنقرض لولا جهود حمايتها من الصيد الجائر.

انتهت رحلتي إلى هاينان دون وعي، واضطررت إلى العودة إلى بكين.

الباب السادس: الرحلة إلى شنشي

الفصل الأول: شنشي هي أحدى منابع الحضارة الصينية

أخذنا القطار فائق السرعة من محطة سكة حديد غربي بكين إلى مدينة شيآن، واستغرقنا أربع ساعات فقط. "شيآن" وكان اسمها "تشانغآن"، في مقاطعة شنشي أكبر متحف تاريخي عسكري بالعالم، وهو موقع جيش "التيراكوتا" أي تماثيل الجنود والخيول الصلصالية الذي يضم مقبرة الإمبراطور "تشين شي هوانغ" بمدينة شيآن، ولكي تصل إليها يجب أن تمر على قنطرة "با" التي تبعد عن المتحف ٣٠ كلم، ويقال إنها بُنيت في فترة الربيع والخريف، والتي تعد أكبر وأقدم قنطرة في تاريخ الصين، وفي عهد أسرة تانغ الملكية أقيمت محطة لاستراحة الإمبراطور بجوار القنطرة، وتم زرع مئات من أشجار الصفصاف على ضفاف النهر، بهدف كسب رضا الشعب حيث ترتبط ثقافة الصينيين منذ القدم باتخاذ تلك الأشجار مكانًا لتوديع الأقارب والأصدقاء المسافرين ويكسرون أغصان الصفصاف ويمنحون المسافر نصف غصن ويحتفظون بالنصف الآخر على أمل أن يعود، وعند القنطرة أصبح كسر أغصان

الصفصاف وإهداؤها للحبيب أو الصديق تقليدًا شائعًا ، وحاليًا حل الجسر الحديث محل القنطرة القديمة التي تهدمت ولا تزال آثارها باقية وتظهر على جانبي نهر "با" عند انحسار المياه، ولنهر "با" قيمة تاريخية وثقافية عبر عنها الشاعر "تشن تشونغ شي"، في قصيدة شهيرة قال فيها: "يتدفق نهر (با) من البوابة الحجرية ولكن دون رجعة، ليسير في الاتجاه المعاكس ناحية الغرب، ثم يودع أشجار الصفصاف المتراصة على شاطئيه، فتحمل عطره الفواح، ثم يظهر في الأفق سهل الظبي يسارًا ، وجبل "لي" يمينًا ولا يفصل بينهما سوى فجوة صغيرة، وهنا إذا كنت ترغب في الرجوع للوراء فارجع، فالمجرى المائي قد بدأ في التدفق من جديد ، وهنا تظهر الجبال الخضراء التي لم تستطع أن تختفي منذ العصور القديمة، فبمجرد عبور جسر "با" حتى يعود القارب مرة أخرى ناحية الشرق". وعنها نظم الشاعر "وانغ وي" قصيدة بعنوان "وداع يوان أر للعمل بشيآن": "دعنا نشرب كوبًا آخر من النبيذ يا عزيزي، فستخرج من ممر يانغقوان حيث لا تجد أقارب وأصدقاء".

وكان "تشانغ تشيان" المبعوث الإمبراطوري لأسرة هان الغربية، وهو الذي شق طريقه غربًا قبل ألفي عام مخترقًا الصحاري إلى شينجيانغ، مكتشفًا طريق الحرير القديم، وهناك دار تذكارية باسمه، والسكان هناك يعتبرونه شخصية أسطورة عظيمة، ويحييون ذكراه بذلك المكان منذ ألفي عام. وأيضًا قصر "دامينغ" وأطلاله لا تزال موجودة حتى الآن، وكان يعد أكبر مجمع

إمبراطوري في العالم، وكان يسمى بمعبد طريق الحرير الشرقي، وفي هذا المكان استعرض الساسة والأدباء مواهبهم أمام أباطرة أسرة تانغ، وفي عهدها وصلت حركة التجارة عبر طريق الحرير لأوج قوتها ومجدها، حيث كان أباطرة أسرة تانغ منفتحين بشكل كامل على دول العالم، وتدفق إليها كثير من شعوب آسيا الوسطى والعرب والفرس.

وفي المدينة أيضًا سوق منطقة "داتانغ" وهناك يمكن معرفة أسرار صناعة الحرير التي كانت تتم هناك منذ آلاف السنين، منذ استخراجه من دودة القز حتى استخدام تقنيات إعداده وصناعته الدقيقة، وهناك تجد محلات بالسوق الذي تم بناؤه على أطلال السوق الغربية القديمة بنفس طريقة بنائه في عهد أسرة تانغ، تبيع الألحفة الحريرية، وفي وسط السوق ساحة كبيرة تضم تمثالا بشكل طريق ملتوي مكتوب عليه "نقطة انطلاق طريق الحرير"، وتماثيل أخرى تجسد مشاهد الطريق مثل الجمال التي تحمل البضائع وعربات الخيل، وفي السوق محلات لبيع الحلويات ومطاعم تقدم المأكولات الشعبية، والسوق الغربية كان أكبر سوق تجاري على مستوى العالم في عهد أسرة تانغ، وعنه يقول الشاعر "لي باي" في قصيدته "مغامرات شبابية": "إلى شرق مدينة تشانغآن يأتي شاب متوهج كنسيم الربيع فوق حصان أبيض ذو سرج رمادي، وقد دهس الكثير من الأزهار المتساقطة بحوافر فرسه، هو لا يعرف أين يذهب لكنه ضحك ودخل الخمارة"، وهي القصيدة التي تجسد

شكل الحياة الصاخبة التي كان عليها السوق قديمًا.

الفصل الثاني: "شيآن" مدينة المغتربين المليونية المحصنة طبيعيًا منذ القدم

إن مدينة "شيآن" خاضرة شنشي تقع على سهل "قوانتشونغ" وهو واحد من أغنى أماكن الصين ثراءً بالموارد الطبيعية، فيقول عنها الأديب الصيني "هان يوي" إن "الندى يرطب شوارعها كالكريم المرطب، كما يدنو اللون الأخضر من بعيد لتغطي أشجار الصفصاف المدينة بأكملها". كما أنها أول مدينة مليونية في التاريخ، حيث بلغ عدد سكانها في فترة ازدهار أسرة تانغ مليون نسمة لكي تكون أول مدينة في التاريخ تبلغ تلك المنزلة، ولأن أباطرة تانغ كانوا منفتحين على العالم بشكل كامل ودول قارات العالم القديم، فكان يعيش بالمدينة التي كانت عاصمة الدولة وقتها آلاف الطلاب المغتربين الأجانب ممن يتعلمون اللغة الصينية، تمامًا كما مدينة بكين الآن.

وفي الأزقة القديمة تستطيع أن تستنشق عبير زمن أسرة تانغ، ففي المناطق القديمة العامرة بالسكان حاليًا كان يسكن فيها عامة الناس قديمًا، مثلما هو الحال في أزقة بكين "الهوتونغ"، لكن في "شيآن" كان اسمها "فانغ" وتعني الأزقة الضيقة، وهي شبكة من الشوارع الضيقة المتشابكة شكلت قوام العاصمة القديمة وتصل لحوالي ١٠٨ أزقة، ولا تزال بعض أسماء تلك الشوارع باقية حتى

الآن مثل "تشانغ له فانغ" و"آن رن فانغ" و"خوي فانغ" وغيرها. وهناك أزقة أخرى مشهورة مثل زقاق "بينغ جياو" وتعني "مخزن الثلج" وسبب التسمية أنه كان يستخدم قديمًا مخزنًا للثلج في فصل الصيف لإمداد البلاط الإمبراطوري منذ زمن أسرة تانغ حتى تشينغ بألواح الثلج المستخدمة عند تناول النبيذ، وأيضًا زقاق "وو وي شي زي" وتعني "ملتقى النكهات الخمس"، وذلك لأنه كان مكان تجمع صناع الدواء في الصين القديمة حتى السنوات الأولى من عهد جمهوريّة الصين، والخمس نكهات هي "الحلو والحامض والمر والمالح والحار"، وكانت تستخدم في أدوية الطب الصيني التقليدي. وهناك أيضًا بذلك المكان صيدلية "تساو لو تانغ" التي ذاع صيتها قبل ألف عام ونيف منذ عهد أسرة تانغ حتى الآن.

مدينة "شيآن" منبع الحضارة الصينية القديمة، وذلك لأن الاسم الإنجليزي للصين "تشاينا" منذ القدم مأخوذ من هنا، فقديمًا كان اسم المملكة التي تضم المدينة والمقاطعة "تشين" في فترة الممالك المتحاربة (٤٧٥ - ٢٢١ق.م)، وتعني ضمنيًا "الحصاد والعمل الجاد والشاق"، وفقًا للنقوش المُكتشفة والمحفورة على العظام، وبالصينية فهي رموز تشبه اليدين التي تلتقط حبة الذرة وترمز للمحصول الوفير، وأطلق عليها أباطرة أسرة "تشين" هذا الاسم أملًا في تحقيق الرخاء والازدهار والثروة، وفيما بعد استطاع الإمبراطور "تشين شي هوانغ" توحيد البلاد كلها وضم الممالك الستة الأخرى لمملكته وأطلق عليها لقب "إمبراطورية تشين". إن

كل جزء بمدينة "شيآن" ينطق بأسرار ويفوح بعبق التاريخ، فإنك إذا حفرت على عمق متر واحد ستكتشف أحد الكنوز الأثرية.

تتمتع مدينة "شيآن" بميزات وإمكانيات هائلة غير موجودة ببعض المقاطعات الساحلية، فهي تقع في منتصف الصين تقريبًا، وتمثل نقطة الوصل بين الشرق والغرب والشمال والجنوب، يشقها شريان المواصلات الرئيسي بالصين، فهي تلعب دور رأس الحربة في مبادرة "الحزام والطريق"، من منتصف الممر الاقتصادي التجاري الدولي الأوروآسيوي الجديد، ما جعلها على مدار السنوات السبع الماضية منذ إطلاق الرئيس شي جين بينغ المبادرة، تمثل سوقًا سهلة لحركة السلع والعمال، وحركة التجارة بين المناطق الاقتصادية بالشرق والغرب، كما تتمتع بموارد غنية من الطاقة والمعادن والثروات الحيوانية والنباتية فضلا عن صناعات ميكانيكية وتكنولوجية، ما شكل قاعدة وظروفًا قوية للتصنيع العميق، كي تعود لمكانتها القديمة على طريق الحرير كنقطة انطلاقه. فقديمًا انطلق منها "تشانغ تشيان" سيرًا على الأقدام مكتشفًا طريق الحرير، وخلال ما يزيد عن عشرة قرون امتدت التفاعلات التجارية والثقافية من "تشانغآن" (شيآن) في الشرق إلى مدينة "روما" عاصمة الإمبراطورية الرومانية غربًا، ورسم الراحل المشهور خارطة تنموية مزدهرة لجميع المدن على طول الطريق، أما حديثًا فقد عملت شنشي على بلورة سلسلة من الصناعات المتميزة شملت الكيماويات والطاقة والتعدين والميكانيكا والطيران والإليكترونيات والعلوم والتكنولوجيا.

يعتبر خليج "تشيانكون" في شنشي الخليج الأول للنهر الأصفر في العالم، وهي إحدى عجائب الطبيعة هنا في شنشي، وهي ظاهرة طبوغرافية صعب تكرارها، حيث تتدفق مياه النهر الأصفر من الجبال الجليدية مكونة مجرى على شكل تنين صاخب ضخم، لذلك هناك أكثر من تسعة منحنيات ضخمة شديدة الدوران تأخذ شكل حرف "S" اللاتيني، معظمها يقع فوق هضبة "اللوس" في مدينة "يانآن" بشمال مقاطعة شنشي، فهناك تجتمع روح الأرض والسماء مُشكلةً عبق ثقافة النهر الأم للأمة الصينية، ويرتبط هذا الخليج بالإله "فو شي" وهو أول ملك للصين ويمثل سلف أو أبا الأمة الصينية، فتقول الأسطورة إنه كان هناك ورفع رأسه للسماء وأنزله للأرض وأخذ يتأمل في المخلوقات فيهما، ثم رسم رمزًا على شكل حرف "S" تعبيرًا عن فلسفة أخلاق المخلوقات وحالتهم المعنوية، وكان هذا المكان مصدرًا لإلهام الكثيرين، ومؤخرًا في عام ٢٠٠٥ تم اعتباره حديقة جيولوجية وطنية، كما تم اختياره كواحد من أجمل أودية الصين، وواحدة من أفضل الوجهات السياحية.

النهر الأصفر المعروف بالنهر الأم للصين، سبب تسميته بالنهر الأصفر (هوانغخه)، لأن مياهه ليست صافية بل مليئة بالطمي والرواسب، وله ثورات هائلة راح ضحيتها مئات الآلاف من الأرواح سابقًا، على طول المقاطعات التسعة التي يجري بأراضيها البالغ ٥٤٦٤ كلم، ومساحة الحوض تصل إلى ٧٩٥ ألف كلم مربع، ويمكن القول إن تآكل التربة في هضبة "هوانغتو" أو "اللوس" تتسبب

في ملء مجرى النهر بالغرين (الطمي)، ما يؤدي لارتفاع مستوى المجرى وضحالته وبالتالي فيضانه وتصدع الحواجز وتغير مجرى النهر في النهاية وتسببه في كوارث متكررة. بعد تأسيس جمهورية الصين الشعبية،قام خبراء علم التربة وحفظ المياه بتكثيف أبحاثهم لـ"تصفية مياه النهر الأصفر" لأكثر من ٥٠ سنة في هضاب "اللوس" الواسعة، فوجدوا أن الغطاء النباتي في هذه المنطقة تعرض للتخريب نتيجة للحروب في زمن أسرتي مينغ وتشينغ، ثم انتعش طبيعيا وعادت إليه الخضرة لكن بنسبة قليلة للغاية، وبدأوا البحث عن حلول علمية لمشكلات جرف التربة والماء على هضبة "هوانغتو" وترويض فيضان النهر الأصفر وترسب الغرين في خزان "سانمنشيا" للمياه، وذلك من خلال محطة لمراقبة تعرية التربة بمنطقة "تسيوولينغ" الواقعة على الحدود بين شنشي ومقاطعة قانسو، وقتها كانت تلك المنطقة صحراوية مقفرة، فتفتق ذهنهم إلى ضرورة أن تكتسي كل تلك هضبة "اللوس" بالغطاء الأخضر.

وأعد الخبراء "إستراتيجية من ٢٨ مقطعا صينيا"، تتلخص في ضرورة زراعة كل مساحات الهضبة، وذلك لأن الأرض لا تتشرب مياه الأمطار المتساقطة عليها بغزارة ما يؤدي لانجرافها مع تيار المياه لمجرى النهر، وفي حالة حجز تلك المياه وإجبارها على التغلل في مسام التربة فإنه لن يتم ترويض النهر الأصفر فقط، ولكن ستتم الاستفادة كذلك من زراعة المحاصيل على الأرض المنبسطة والغابات والأشجار على السفوح، بما يحول الضرر إلى

منافع اقتصادية ويمنع الانهيارات الطينية في الوقت نفسه، وقد نُفذت إستراتيجية إعادة أراضي الغابات والمروج إلى حالتها الأصلية على نطاق واسع، ١١ منطقة تجريبية بالهضبة. وفي عام ٢٠١٥ تكللت الجهود بالنجاح بأن انخفض حجم جرف التربة والغرين إلى النهر الأصفر من ١,٣ مليار طن في السنة إلى حوالي ٣٠٠ مليون طن فقط، ما جعل المياه تعود لصفائها القديم مجددًا. وفي قياس واقعي أُجري عام ٢٠١٧ تبين أن نسبة الغرين به لا تتجاوز ٠,٨ كجم لكل متر مكعب من المياه، وهكذا نجحت التجربة الصينية بالكد والكفاح والصبر والحكمة في ترويض النهر الأصفر.

وسابقًا تحدثت عن هذا البرج عندما زرت برجي الطبل والجرس ببكين، ويعتبر البرج الأكبر المصنوع من الخشب في كل الصين، والمبني من عهد أسرة مينغ، ومن الساحة الواسعة أمامه نظرت للبرج وقلت لصديقي الإثيوبي: من هنا كانت تُقرع الأجراس مع فجر كل يوم معلنة بداية اليوم، تجاذبنا أطراف الحديث حتى عم السكون فجأة وأظلمت الأنوار إلا الأضواء الساطعة على المنصة الحجرية وانتشر رجال شمال شنشي المعممون بعمائم بيضاء، يربطون طبولًا صغيرة من جلود البقر حول خصورهم، وبدأت الموسيقى تصدح بالمكان وعلى وقعها لم يكونوا يقرعون الطبول فقط، ولكنهم قدموا رقصات صاخبة تعبر عن رجولتهم وقوتهم الروحية التي لا تنتهي. أصوات الطبول المزلزلة كانت تهز أرجاء المكان، يتقدم الراقصون خطوة ويتراجعون أخرى، يضربون

الأرض بأقدامهم ويستديرون بأجسادهم ثم ينقلبون رأسًا على عقب مثل التنين، يشنون هجمات خاطفة كأسد ضار، وتحت أهازيج قرع الطبول علا صوت أنثوي رخيم من الميكروفون، قائلًا إن تلك الطقوس تقام على التربة الصفراء لهضاب "اللوس" شمال شنشي، فينثر الراقصون الغبار بأقدامهم ويختلط ظلهم وتتشابك أصواتهم وأصوات قرع طبولهم تمامًا كالنهر الأصفر المتدفق تحت السماء الصافية والسحب البيضاء. أما قديمًا في عهد أسرة تشو أُستخدمت الطبول في الطقوس الدينية لطلب الحماية من الآلهة، لاعتقادهم أن صوت الطبل يعبر عن قوة إلهية خارقة يمكنها جلب المطر وري الأراضي العطشى ونمو الزرع. وقد ظلت رقصات طبول "آنساي" تتحلى بطابعها الشعبي القديم المتناغم مع روح السماء والتربة الصفراء، وقد حرص رجال شمال شنشي على إحياء تلك الرقصات لدرجة أن بكل قرية يمكنك أن تجد فرقة متخصصة في هذا النوع من الرقصات الجماعية الذكورية، التي تعكس أخلاق الفلاحين من أهل الشمال المتمثلة في البساطة والبسالة والشجاعة. فجأة قطع الصوت الأنثوي الرخيم صيحات الرجال الراقصين الشجية وحركاتهم السريعة ودقات الطبول المتناغمة العالية، ثم عاود الصوت يقول: فترة ذروة تلك العروض الفلكلورية تكون في فترة أعياد الربيع وبداية السنة الصينية وفقًا للتقويم القمري، وكانت تقام عادة بالمعابد مصاحبة للطقوس الدينية وتقديم القرابين للآلهة، وقد بدأت في محافظة "آنساي" شمال شنشي والتي كانت محلًا للصراعات العسكرية، وقتها رأي قائد الجند أن ما يميز أهل

المنطقة صيحاتهم العالية، فقرر الاستعانة بهم مع بعض الطبول بهدف إشعال الحماس في نفوس الجنود قبل المعركة وأثنائها، وخلال عهد أسرتي تشين وهان، حملت مشاعر دينية روحية خصوصًا وأنها كانت تستخدم وقت تأبين الشهداء وتخليد ذكراهم، ثم تحولت من الاستخدام العسكري إلى الديني لكي تصبح فيما بعض أحد أشكال الفلكلور الشعبي الذي يعبر عن روح الإقدام والجد والبذل والعطاء.

بعد انتهاء الفعاليات، ذهبت إلى أحد أقدم شوارع المدينة الملقب بشارع "عشاق الطعام"، وذلك لأنه يجتذب محبي الطعام من كافة أنحاء المدينة، ويقدم أشهى المأكولات، وممكن أن نختار مختلف أطباق المكرونة الشهية منها حساء المكرونة بالمرق الساخن، وطبق المكرونة ذو الشرائط العريضة، وبالصوص الحار وبصوص اللحم، وطبق "الراميان" المكون من مكرونة في مرق اللحم أو السمك مع صلصة الصويا مع شرائح لحم الدجاج أو الطحالب البحرية المجففة أو البصل الأخضر والذرة، و"الباو موه" وغيرها.

انتهينا من الإفطار، وكان علينا الاستعداد للذهاب إلى مقبرة "التيراكوتا" تماثيل الجنود والخيول الصلصالية الشهيرة، ذهبت سريعًا لغرفتي وأحضرت قلمي ودفتري ولحقت بهم في الأتوبيس، الذي سرعان ما انطلق بمجرد صعودي وكأنهم كانوا ينتظرونني، توجه الأتوبيس شرقًا لكي نمر في طريقنا بإحدى البوابات القديمة للمدينة، والتي لم يتبق منها سوى برج كبير وآخر بجواره صغير،

وقالت لنا المرشدة، إنه في هذا المكان وبالتزامن مع إقامة سور حول المدينة في عهد أسرة مينغ، أقيمت البوابة الرئيسية للمدينة وأطلق عليها أباطرة مينغ لقب "تشانغ له" أي "السعادة الأبدية، وكانت مدخل المدينة الوحيد من ناحية الشرق، ولكن عندما قامت ثورة الفلاحين في أواخر زمن أسرة مينغ، شنت قوات الحركة الثورية بقيادة "لي تسي تشنغ" (١٦٠٦ - ١٦٤٥م)، هجومًا على المدينة وعندما وصل الأخير إلى البوابة وجد لافتة عليها ثلاثة رموز تعني "بوابة السعادة الأبدية"، فخطب في الجند قائلًا: "إن الأباطرة يعيشون في سعادة أبدية والشعب يعيش شقاء لا ينتهي"، ومن فرط تأثر الجنود أحرقوا البوابة ولم يتبق فيها أثر، وظلت مهدمة هكذا حتى تم ترميمها منتصف عصر أسرة تشينغ.

عندما تأتي إلى شنشي، فإن زيارة التيراكوتا هي أكثر ما لا ينبغي تفويته. وقد اعتبر الإمبراطور "تشين شي هوانغ" نفسه أفضل من الملوك الثلاثة والأباطرة الخمسة، لأن انتصاراته تجاوزت ما حققوه من إنجازات. ولأنه كان يريد أن يقود جيشه في العالم الآخر ليستمر حكم إمبراطوريته هناك، فصمم جنودًا من طين الصلصال تم نحتها ببراعة وبشكل يحاكي الحقيقة ووضعها داخل أفران تصل درجة حرارتها ألف درجة مئوية ثم تلوينها بعد ذلك، وإذا طالعت تلك التماثيل جيدًا فستجد وجه وهيئة كل منها مختلف عن الآخر.

بعد تم اكتشاف موكب التماثيل الجنائزية بالمقبرة الذي أذهل العالم بأكمله، وجد أنه في ثلاث حفر طولية تقف تماثيل الجنود

والخيول الفخارية شامخة من مئات السنين، والتي وصل عددها إلى ٨٠٠٠ جندي، وأكثر من ١٠٠ عربة حربية، و١٠٠ خيل طيني، وعشرات الآلاف من الأسلحة والأدوات الحربية.

قبل ما يزيد عن ألفي عام نجح الإمبراطور "تشين" في قيادة جيش من مليون جندي لكي يوحد البلاد كلها تحت راية حكمه منهيًا عصر الممالك المتحاربة، ومؤسسًا لأول دولة إقطاعية موحدة في تاريخ الصين، ومنذ بداية حكمه عمل على بناء تلك المقبرة العملاقة على سفح جبل "ليشان" بمنطقة "لينغتونغ" سعيًا منه للاستمتاع بحياة الرفاهية بعد الموت، حيث بنى لنفسه قصر مهيب تحت الأرض لم يعرف التاريخ الصيني مثله، استمر العمل فيه ٣٨ عامًا عمل فيه ٧٠٠ ألف شخص في وقت واحد. إن ضريح الإمبراطور وقصره الواقع تحت الأرض لم يستطع أحد دخولهما حتى الآن، وذلك لأن هناك أساطير تقول إن المكان به غازات وسموم قد تلحق الأذى بمن يفتح المقبرة أو القصر، تمامًا مثل أسطورة لعنة الفراعنة التي تصيب كل من يفتح مقابر المصريين القدماء، وأن هناك ألغازًا تحيط بالمكان الذي لم يكتشف بالكامل حتى الآن. وقد توصل الخبراء إلى أن احتمالات سرقة المقبرة ضعيفة، لأن ما تم اكتشافه كان على حالته دون أن يمسه بشر، لذلك ففي يوم ما سيكتشف الناس أسرار مقبرة وقصر الإمبراطور ووقتها سيتم حل كل الألغاز المحيطة بهما، والتي من ضمنها هو أن الضريح ليس به قبر الإمبراطورة. وضريح لإمبراطور "تشين" الأول يحتل مكانة هامة

في تاريخ الفن العالمي، كمعجزة بشرية عبرت آلاف السنين، وفي عام ١٩٨٧ ، أدرجته منظمة اليونسكو بـ"قائمة التراث العالمي".

قبل أن ننصرف من المتحف، أمعنت النظر في تماثيل الجنود ، فلم أجدها مثل تماثيل الإله بوذا الذكية والمستنيرة أو حراسه الصارمة الحادة، وإنما ظهروا جميعًا بملامح مسالمة هادئة وبنظرة عين مباشرة وواضحة وصريحة، وملامح نابضة بالحياة مليئة بالبساطة والهيبة والقوة والجمال والوسامة في وقت واحد ، فأعطوا انطباع أنهم ليسوا جنود عسكريين بل ناس من بسطاء الشعب وعامته ممن تدربوا جيدًا وتمرسوا على القتال، كما لم يرتد أي منهم بدءًا من القادة العسكريين حتى الجنود خوذات الحرب، ولكن اكتفوا بربط شعر رأسهم ربطة عادية بقطعة قماش كما كان متبعًا وقتها ، ما يعبر عن شجاعتهم في السير قدمًا في سبيل الحق والواجب للدفاع عن بلدهم دون خوف.

الفصل الثالث: التنزه في "هانتشونغ"

يغوص في "بحر" من أزهار الكانولا

بعد مغادرة ضريح الإمبراطور تشين، عدنا إلى شيآن، مستعدين للذهاب إلى هانتشونغ في صباح اليوم التالي.

ركبنا قطار خط سكة حديد "شيآن - تشنغدو" فائق السرعة، والذي قطع ٧٠٠ كلم في ٣ ساعات للربط بين عاصمة مقاطعتي شنشي شمالًا وسيتشوان جنوبًا، مخترقًا سهل "قوانتشونغ"، وجبال "تشينلينغ"، وسهل "هانتشونغ" وجبال "باشان"، مختصرًا المسافة من ١٦ ساعة إلى ٣ ساعات فقط وهو خط السكك الحديدية فائقة السرعة الوحيد الذي يمر من وسط سلسلة جبال "تشينلينغ"، وكان المشهد الأكثر إبداعًا اجتياز القطار حقول ومزارع أزهار الكانولا (السلجم) الصفراء، كان المشهد بديعًا أشبه بلوحة طبيعية من الورود الصفراء يخترقها القطار كسكين يقطع كعكة عيد ميلاد كبيرة من الكريمة الصفراء الذهبية، نظرت من النافذة وسط حالة من الانبهار أمام هذا المشهد الرباني البديع، عند حلول الربيع الدافئ، تتفتح زهور الكانولا في حقول ضواحي مدينة"هانتشونغ" جنوب مقاطعة شنشي الغنية بالموارد الطبيعية، فقد تحولت حياة المزارعين للأفضل بزراعة هذا النوع من الزهور، حيث وفرت أساسا قويا للأعشاب المُستخدمة كأعلاف للثروة الحيوانية، كما أنها تعتبر مصدرا هاما للزيوت النباتية وأفضلها لجسم الإنسان، فضلا عن نجاح مشاريع مناحل العسل التي تدر دخلًا إضافيًا، حيث تساعد حقول "الكانولا" على الإسراع في عملية التلقيح وزيادة إنتاجية تلك المشاريع. وفي الشتاء تكون مناظر الثلج البديعة هنا مصدر جذب آخر للسياح.

جبال "تشينلينغ" - جبال الأب

مثلت سلسلة جبال "تشينلينغ" حدًا فاصلًا بين حوض النهر الأصفر شمالًا وحوض نهر اليانغتسي جنوبًا، ليس ذلك فقط بل اعتبرها العلماء حدًا فاصلا بين الشمال والجنوب بصفة عامة في الصين، كما أحاطت بها منذ القدم حالة من الغموض والألغاز، وقد ورد ذكرها لأول مرة في كتاب "التواريخ" للمؤرخ "سيما تشيان" الملقب بأبو التأريخ الصيني، حيث وصفها بأنها "أعظم سد على مستوى العالم"، كما ورد ذكرها في الأشعار القديمة بوصفها حاجز طبيعي يفصل بين مناخين مختلفين شمالًا وجنوبًا. وهناك من زوار مدينة "شيآن" من يهوى التسكع في أزقتها القديمة لكي يشتم عبق التاريخ، وهناك آخرون يعشقون المغامرة فيتجهون مباشرة إلى الجبال لتسلق جبال "تشينلينغ"، ويعتبرها تمتعا بأفضل أجواء للتسلق واتخاذ الاحتياطات لتسلق الصخور شديدة الانحدار. كما تعتبر أفضل مكان لقيادة الدراجات، حيث في العطلة الأسبوعية يأتي السياح وأهل "شيآن" من الطلاب والموظفين وينصبون خيامهم هناك ويقيمون ليلة أو ليلتين يستمتعون خلالها بالمناظر الخضراء البديعة، خصوصًا القرية التي تطل على حقولها الخضراء النائمة في حضن قمم الجبل، والتي تتزين بزراعات الذرة الصفراء المذهبة خلال فترة الخريف وأشجار فاكهة الكاكي المتوهجة احمرارًا وأشجار العناب المحملة بثمار العناب الصفراء والحمراء، ويشعر المار من ذلك المشهد بأنه وسط لوحة زيتية فريدة مرسومة

بالألوان، ولذلك يقصد تلك القرية طلاب الفنون الجميلة والرسامون الباحثون عن المناظر الطبيعية الخلابة التي تحوي إبداع الخالق في النبات والجبال والإنسان أيضًا حيث يدخل سكان تلك القرية كجزء من تلك المشاهد المرسومة.

ومن يزور تلك الجبال يستحيل أن يشعر بالملل، فالبعض يعتبرها أكبر صالة ألعاب رياضية طبيعية، فمع مجهودات الحكومة الجبارة في رصف وتعبيد الطرق الأسفلتية التي تخترق الجبل من السفح حتى القمة وتربطها بالمدن القريبة منها، قرر بعض الناس ممارسة رياضة المشي وكونوا مجموعات للمشي بين سلسلة الجبال واكتشاف الوديان القديمة، ويستمتع السائحون وزوار جبال "تشينلينغ" بوجبة مرضية من مشاهد أزهار الخوخ الوردية والكانولا الذهبية في فصل الربيع. أما في الصيف فسيكون آمنًا من أشعة الشمس الحارقة بفضل قمم الجبال التي تظلله، كما يحلو للزائر اللهو في الجداول المائية الصغيرة المتدفقة من قمم الجبال ويقطف ثمار العنب والبطيخ الطازجة. أما خلال الشتاء فإن وجهة السائحين المفضلة هي وادي "يانغ" لتجربة إحساس مثير ومنعش عند التزلج على الجليد من أعلى الجبل هبوطًا للأسفل ثم الغوص في مياه الينابيع الحارة والاستمتاع بالدفء والحرارة بعد البرد والثلج بالأعلى. أما جبل "تايباي" أعلى قمة جبلية في "تشينلينغ" فينفرد بأن قمته تزينها الثلوج البيضاء طوال العام كرجل وقور يرتدي عمامة بيضاء فوق رأسه، حيث يصل ارتفاعه إلى ٣٧٧١,٢

متر فوق سطح البحر، ويعتبر مقصدًا للمتزلجين أيضًا، وذكره العالم الجغرافي "لي داو يوان" (٤٦٦ - ٥٢٧م) في كتابه «أسفار المياه» الصادر في زمن أسرة وي الشمالية، وقال عنه الشاعر "لي باي": "تسلقت جبل تايباي عند الفجر من ناحية الغرب لكي أصل قمته مع غروب الشمس". فهو الطريق الأكثر مشقة وجهدًا لتسلق سلسلة جبال "تشينلينغ"، ولكنه في الوقت نفسه الأكثر جمالًا من حيث المناظر الطبيعية، حيث تعانق قمته السحاب في مشهد بديع وساحر، ويسبح من يصل إليها في بحر من السحب كما يحصل على أجود أنواع الأعشاب الطبيعية، فالجبل يعتبر موطن الأعشاب المستخدمة في الطب الصيني التقليدي والنباتات العطرية المختلفة، فيحوي قرابة ٣٢١٠ أنواع منها.

قصة الجبل المقدس "هواشان" ورحلة الأكتاف الذهبية

قد بنيت العلاقات بين مصر والصين منذ القدم، وهناك مجالات أخرى كثيرة لا تخطر على بال أحد، تعاون فيها الشعبان منذ القدم رغم بعد المسافة، وخلال رحلة الهبوط من الجبل سرد المرافق عليّ حكاية جبل "هواشان" المقدس منذ القدم، فقلت له إنه يرتبط بأسطورة خلق العالم عند الصينيين القدامى حيث أن "بانقو" الإله الذي خلق العالم عند تحلل جسده ذهبت قدماه لتبنيان الجبال الشرقية وأهمها جبل "هواشان"، كما قال إنه بالفعل أعلى الجبال المقدسة الخمسة بالصين، حيث يقع على ارتفاع ٢١٥٤,٩ متر فوق سطح البحر، شرق سلسلة جبال "تشينلينغ"،

أقصى جنوب شرق شنشي، وهو على شكل زهرة اللوتس مكون من الحجر الجيري، ويمثل كنزا طبيعيا حيث أنه غني بالموارد الطبيعية مثل الذهب والحديد والنحاس والسيلينيوم، ويزخر بغطاء نباتي كثيف من أشجار الصنوبر والسرو التي تقف شامخة تعانق السماء، وزهور وأعشاب ونباتات مختلفة بألوان حمراء وبنفسجية، وهو شديد الانحدار لذلك فإن تسلقه يحتاج إلى انتباه شديد، وبه جرف صخري حاد اسمه "تسانغلونغ"، وقد سُمي كذلك بسبب شكله الأسود المقوس من الجانبين، والحاد من منتصفه، والذي يتخذ شكل تنين عملاق يتسلق الجبل، وعلى هذا الجرف سلالم حجرية حفرتها الحكومة لمن يريد صعوده. ويرمز "هواشان" إلى روح السمو والعزيمة، ويعرف باسم روح الأمة الصينية، ففي المجتمعات القديمة يتعبد في ذلك المكان الناس للآلهة وأرواح الأسلاف. وتقول الأسطورة إن الإمبراطورين "شيوان يوان" و"ياو" وهما من الأباطرة الخمسة الأسطوريين، كانا يقيمان طقوس العبادة هناك. وقد أُكتشف فيه مئات المواقع الأثرية، تتنوع بين معابد دينية طاوية أبرزها كهف "تاي جي تسونغ شيان" ومعبدا "يوتشوان" و"دونغداو" وقصر "تشنيوي" حيث كان أحد أهم منابع الطاوية وفيه كان يعتكف النساك والرهبان وينشرون الدين، فضلا عن نصب معبد "هواشان" الأكبر في الصين كلها والذي يعود بناؤه لعام ١٦٥ في عهد أسرة هان الشرقية، ونصب الجبل الغربي وغيرها.

وقد دأب الصينيون القدامى على تمهيد الطرق لتسهيل صعود

الناس إلى الجبل، والطريق الأكبر بينها هو الواقع على جرف "تسانغلونغ" سالف الذكر، وتقول الوثائق التاريخية إن الطريق معجزة هندسية. كما أن هناك أناسًا يمارسون أحد أقدم المهن منذ آلاف السنين، وهم "حمالو الجبل" الذي يطلق عليهم لقب "أصحاب الأكتاف الذهبية"، إنهم مزارعون يعيشون على حمل البضائع من أسفل الجبل لأعلاه للمحلات الواقعة أعلى الجبل والفنادق، وهم جال المهام الصعبة بل من الممكن أن نقول المستحيلة، فعملهم اليومي من أشق الأعمال على وجه الكرة الأرضية، فهم يتحملون مشقة تسلق أخطر جبال الصين كل يوم، حاملين فوق ظهورهم بضائع ومستلزمات الفنادق وأحيانًا يحملون مواد البناء. ويوميًا يتسلق هؤلاء مسافة بارتفاع يزيد عن ألفي متر فوق سطح البحر، بما يعادل ٨٠٠٠ درجة من السلالم الحجرية تقريبًا، حاملين بضائع تزن ٥٠ كجم على الأقل من مختلف الأنواع على قصبة خشبية، متحملين مشقة وعورة الطريق وخطورته مرتين أو ثلاثة يوميًا في وقت يقدر بأكثر من أربع ساعات، ويجب على كل منهم المساواة بين حجم ما يحمله في كل جهة من جهتي القصبة الخشبية ويستغرقون في رحلتهم وقتًا طويلًا مستعينين بكل ما يملكونه من صبر وقوة تحمل. وهي مهنة كانت أشد صعوبة وخطورة قبل عام ٢٠٠٠ حيث كانت سلالم حجرية كثيرة قد تعرضت للانهيار بسبب الإهمال منذ آخر عهد أسرة تشينغ، فكانوا يرتقون دروب الجبل الوعرة والغير ممهدة، وبمساعدة من الحكومة قاموا على مدار عام كامل ببناء تلك الدرجات التي أصبحت مفيدة الآن لراغبي تسلق الجبال من السياح

والوافدين الصينيين والأجانب، ويوميًا يحملون المأكولات واللوازم والخضروات والبيض والدقيق للفنادق الواقعة في أعلى الجبل أو في منتصفه على جانبي طريق التسلق، وكذلك المياه المعبأة في زجاجات والطماطم والبطيخ. ورغم أن بعضهم قد وصل سن الستين إلا أنهم لا يزالون مصرين على ارتقاء الجبل حاملي البضائع مرتين وثلاثة يوميًا ، فهم يحملون روحا قتالية متمثلة في المسئولية والتغلب على التعب والمشقة، وتصميم على الارتقاء لقمة الجبل بصرف النظر عن الرياح أو الأمطار، وقد انخفض عددهم مع حركة التطور واستخدام العربات الهوائية "التليفريك" في نقل البضائع.

ثقافة يانغشاو المدفونة في الصين

شهدت التاريخ المدفون في موقع يانغشاو الثقافي بمحافظة ميانتشي. عندما دخلت القرية شعرت وكأن قدمي وطأت عصر أسرة تانغ الفتية، خصوصًا وأن القرية محفوظة بحالتها كما كانت قديم الزمان، وسرى الخدر في رأسي، وأحد المسئولين عن السياحة في المنطقة يحكي لنا قصة صناعة الفخار في الصين التي تطورت إلى البورسلين والخزف الأبيض والأزرق الذي يطلق عليه العالم أجمع اسم "الصيني" نسبةً لمنشئها ، وكان مبدأ "الحاجة أُم الاختراع" وراء اكتشاف تلك الصناعة العظيمة، فقد كانت الأطعمة تفسد وكان لا بد من البحث عن وسيلة لحفظها وأخرى للطهي، ومع الوقت عرف الصيني القديم إضافة الماء إلى الطين ثم حرقه لكي يصنع الأواني الفخارية البدائية بدلًا من الأواني المصنوعة

من الأخشاب والعظام وذلك منذ ١٠ آلاف سنة، وفيما بعد تطورت الصناعة لكي يتم رسم الزخارف الجميلة على سطحها وتطور إبداعات الإنسان في الرسم والنحت، كما استخدموها في بعض الأحيان في المراسم الجنائزية، حيث كانت تُصنع توابيت كاملة من الفخار لحفظ جثث الموتى. "ثقافة يانغشاو" امتدت من جبال "تشينلينغ" والروافد الوسطى للنهر الأصفر لكي تعم جميع أنحاء الصين القديمة، وتصبح عادة الدفن في توابيت فخارية وتزيينها بإنجازات المتوفي سائدة منذ ٧٠٠٠ سنة. الأواني الفخارية التي رُسمت عليها صور ملونة للأشخاص والأسماك والطيور والحيوانات والزهور وغيرها من الصور المستمدة من عناصر البيئة والطبيعة المحيطة، وقد أطلق على هذه الحقبة بمختلف ثقافاتها فيما يخص الفنون والحرف اسم "الثقافة الفخارية الملونة".

هل سمعت عن نبيذ العسل؟

وانتقلنا إلى محطتنا التالية في إحدى أكبر شركات إنتاج العسل بالصين، والتي تتخذ من جبال "تشينلينغ" معقلًا لها، وتنتج عسل "شانهوا" (الزهور الجبلية)، أحد أنواع العسل الممتازة عالميا، كما تنتج عسل ملكات النحل وسلسلة من مشروبات العسل الملكي الكحولية، نعم إنهم ينتجون نبيذ العسل، لقد كنت متعجبًا مثلك ولم أستوعب الأمر إلا وأنا أراه أمام عيني. إنها ليست شركة عادية لكنها تجمع بين العلوم الطبيعية والفيزيائية ومهارات الصناعة والتجارة في قالب واحد ينم عن عبقرية مؤسس الشركة وجيش العاملين بها من

باحثين وعلماء وموظفين ومسوقين، بداخل مبنى الشركة الإداري لوحات تجسد الفلسفة التي قامت عليها ، والتي تقدم رسومات فنية للخيول وهي تركض مجسدةً عزيمة وإصرار مؤسسها والعاملين بها على الركض ومسابقة الزمن لتحقيق إنجازات وأرباح تعظم من قيمتها وتقدم منتجا طبيعيا تشتهر به المنطقة منذ آلاف السنين، وعلى مساحة ضخمة تنتشر مناحل العسل التي تتخذ من حقول الزهور المتناثرة مكانًا طبيعيًا للحصول على الرحيق وإنتاج العسل.

قديمًا كان العسل طعام الأسر الإمبراطورية، فقد استخدمه قدماء الصينيين بالأغراض الطبية كمداواة الجروح، لذلك احتل مكانة بارزة في الطب الصيني التقليدي، وكانوا يرون فيه علاجًا لمشاكل سوء التغذية ومضادًا للسموم في الدم، ومعززًا لمناعة الجسم ضد الأمراض، ومنذ القدم وحتى الآن ظلت الصين المنتج الأول لعسل النحل بالعالم، ولمئات السنين ظلت مصدره الأول لبلدان عدة. وفي عام ٢٠١٥ ، بلغ إجمالي الإنتاج ٥٤٠ ألف طن، ومستفيدًا من رحيق الزهور الجبلية المتواجدة في "تشينلينغ" فقط لإنتاج عسل شانهوا عالي الجودة والخالي من التلوث، فضلًا عن إنتاج نبيذ العسل الفاخر أخضر اللون وهو نوع قديم من النبيذ بالصين، أعادته الصين للحياة ونجحت بعد تطويره في الدخول تدريجيًا إلى حياة الصينيين، وأثبت العلماء فعاليته العلاجية لأمراض الإرهاق العصبي والأرق والنسيان والتهاب المعدة والأمعاء المزمن والتهاب القصبة الهوائية والربو.

ووفقًا لأحد مسئولي الشركة فقد ظهرت مشروبات العسل الكحولية قديمًا عام ٧٨٠ق.م، في مآدب البلاط الإمبراطورية لأسرة تشو الغربية. نبيذ العسل "شانهوا" لاقى رواجًا في جميع أنحاء الصين، ودفع صناعة تربية النحل وإنتاج العسل للأمام، خصوصًا وأن صانعيه استخدموا وصفة طبية قديمة تعالج الأمراض ووضعوها في مشروب لذيذ شهي باستخدام التكنولوجيا، خصوصًا بعدما حصلت على إجازة المعامل الحكومية لفحص الأغذية لها وتأكيدها توافقها مع المعايير الصحية.

أسرار كهوف جبل "باشان" التاريخية وطريق "ميتسانغ" القديم

عاود الأتوبيس الانطلاق بنا إلى منابع نهر "هانجيانغ" وسط قمم جبل "باشان" ضمن سلسلة جبال "تشينلينغ"، وهو النهر الذي يعتبر أكبر روافد نهر اليانغتسي. وأن الجبل يحوي عددا من القرى البديعة أشهرها على الناحية الأخرى منه والتي تقع في حدود مقاطعة سيتشوان، وهي قرية "باتشونغ" والتي يصفها الناس بأنها أخذت نصفها الأول من الجنة والثاني من الأرض، تعبيرًا عن مدى الروعة وجمال الطبيعة التي حباها بها الخالق. فهي تتميز بهوائها الصافي المنعش وبيئتها الجميلة الساحرة، فالقرية يغوص زائرها في سحرها وتغريه بالبقاء فيها بعيدًا عن ضوضاء المدن الكبيرة، والاستمتاع بجوها الرطب ومناظرها الجميلة الخلابة، خاصة أثناء هطول المطر، وهي التي وصفها الشاعرة الذي عاش زمن أسرة تانغ "لي شانغ ين" في قصيدته التي سردت مشاعر شوق رجل في

"باتشونغ" لزوجته، التي كانت تنتظر عودته للبيت في ليلة ممطرة، حيث قال: "تسألينى عن عودتي فموعدها لم يُحدد، تهطل أمطار جبل باشان ليلا والبحيرة تتغمر في الماء. متى نضيء الشموع معا غربي النافذة، فتشاركنا هذه الأمطار في السمر". ولأنها تقع في ملتقى ثلاث مدن تجارية مهمة هي "شيآن" و"تشنغدو" و"تشونغتشينغ"، فقد اكتسبت أهمية منذ القدم كممر لتبادل الثقافات والسلع بين الشمال والجنوب، بوصفها تقع على طريق "ميتسانغ" القديم الذي يعتبر أول طريق عام ويربط بين حضارة هضاب اللوس وحوض النهر الأصفر شمالًا، وحضارة حوض نهر اليانغتسي وسيتشوان جنوبًا. وخلال زمن أسرة تانغ كان الرهبان البوذيون المتجولون يمرون من ذلك الطريق على الكهوف المتناثرة بالجبل ونقشوا رسومًا جدارية وزخارف ملونة بالمعادن الطبيعية، فضلًا عن تماثيل للشخصيات المقدسة بالديانة البوذية.

وقد كانت تلك الكهوف والقرى المتناثرة على جبل "باشان"، أرضًا خصبة للشعراء والأدباء على مر العصور نظرًا لمناظرها الطبيعية البديعة، وفيها نظم الشاعر "وانغ بوه" الذي عاش زمن أسرة سوي قصيدة قال فيها: "تنساب مياه نهر با شرقا، وتتدلى السحب على جبل با (باشان) صامتة. أفارق صديقي في ليلة البدر، وقد انهمرت دموعنا". كما ظلت تلك القرى موقعًا عسكريًا هامًا شهد مواجهات عديدة بين القوى المتنازعة، لذلك اشتهر أهلها بالشجاعة والإقدام في الحرب والإبداع والحكمة في سنوات السِلْم.

أما جبل "قوانغوو" وهو أحد قمم جبل "باشان"، فله سحر آخر ومناظره تشبه اسمه الذي يعني بالصينية "نور الضباب"، فهو يناطح السماء ويخترق السحب والضباب الكثيف الذي يشكل عدة طبقات على قمة الجبل طوال السنة، ويغطي منحدراته ووديانه وجداوله وشلالاته وأشجاره وصخوره، مما يضفي عليه مزيجًا من الغموض والسحر، وتلف السحب الضبابية أيضًا هامات الأشجار وتفاصيل الجبل الممتد للسماء لكي يبدو كسُلم يمكن الصعود به إلى السماء.

أما الينابيع الساخنة المتناثرة على جانبي الجبل وداخل كهوفه، فهناك أخرى طبيعية مثلها في مدينة "شيآن"، مثل منتجع إمبراطوري لا يزال شاهدًا على عصر أسرة تانغ يضم مسبح "زهرة اللوتس" الخاص بالإمبراطور "تانغ مينغ هوانغ" (٧١٢ - ٧٥٦م)، و"مسبح التفاح البري" الخاص بزوجته الإمبراطورة "يانغ قوي في"، وهو أشهر منتجع صحي على مدار التاريخ الصيني، والآن هو مصدر جذب لكثير من السياح والصينيين المقيمين بالمدينة، والذي وصفه الشاعر "باي جيون يي" الذي عاش زمن أسرة تانغ، في قصيدته "أنشودة الندم الخالد"، حيث قال: "في أحد أيام الربيع المنعشة سمح لها الإمبراطور بالاستحمام معه في حمام هوا تشينغ، وقد كانت مياه الينبوع ساخنة وناعمة فاغتسلت وترطبت". وتصف القصيدة قصة حب الإمبراطور وزوجته "يانغ قوي في".

قطارات قومية "يي" الخضراء

في اليوم التالي كنا في طريقنا إلى مدينة "شيآن" مرة أخرى، ولكن ليس عبر القطار الكهربائي السريع، فقد قررت إدارة البرنامج أن نجرب القطارات الشعبية العادية القديمة والتي تسمى "القطارات الخضراء"، وهي قطارات كانت سائدة في ربوع الصين حتى تسيعينيات القرن العشرين ثم ظلت تعمل بالمناطق الجبلية والنائية لأن تذاكرها رخيصة كما توفر الأمل لدى أولئك الذي لم تدركهم القطارات فائقة السرعة، ورغم أنها قديمة إلا أنها لا تزال نظيفة مزودة بخدمة تقديم الماء الساخن التي تعتبر إكسير الحياة لكل الصينيين، فعادة ما تجدهم يحملون الإناء المعدني حافظ السوائل "ترمس الشاي" ويضعون داخله وريقات الشاي الأخضر ثم يزودونه بالماء الساخن من صنابير معدة لذلك بين العربات، وآخرون يشترون علب المكرونة المجففة الجاهزة وتصبح طرية صالحة للأكل بعد إضافة الماء الساخن لها وإضافة التوابل والصلصة المجهزة في أكياس صغيرة. لذلك فإن عمال القطار يقضون وقتًا طويلًا قبل انطلاقه في تنظيفه من الداخل والخارج من المخلفات، وإشعال الموقد لكي يظل الماء ساخنًا طول الطريق لخدمة الركاب خصوصًا مع انخفاض درجات الحرارة في الشتاء، بالإضافة لضمان استمرار ضخ الهواء الدافئ داخل عربات القطار، وقد أصبح القطار الأخضر الخيار الأول لأكثر من مليون عامل بالغابات التي تغطي الجبال، خصوصًا في جبال "تشينلينغ"، والذين

يرونه أكثر أمانًا من الحافلات، كما تستخدم تلك القطارات كوسيلة لنقل البضائع، ما خلق فرصة لسكان القرى الجبلية لبيع بضائعهم ومنتجاتهم الزراعية من خلال القطار الأخضر.

وقد قدمت القطارات الخضراء خدمات جليلة لأبناء قومية "يي" المحلية بمقاطعة سيتشوان جنوب جبال "تشينلينغ"، فتطورت أحوالهم المعيشية وراجت بضاعتهم ومنتجاتهم بفضل القطارات، فقد ظلت وسيلة الحركة الرئيسية بالنسبة لهم، كما حصل أبناء تلك القومية على فرص أفضل في التعليم بالذهاب للجامعات المرموقة ببكين ووهان وباقي المدن الصينية.

الباب السابع: الرحلة في هونان

الفصل الأول: "تشانغشا" موطن ثقافة "تشو"

ثقافة "تشو" والشاعر الوطني تشيوي يوان

قبل نهاية شهر يونيو، كنا على موعد من حدث مهم بالنسبة للعلاقات بين الصين والدول الإفريقية وفي القلب منها حركة التجارة، حيث تستضيف مدينة "تشانغشا" عاصمة مقاطعة هونان (خونان) المعرض الصيني الإفريقي الأول للتجارة، وهي المدينة التاريخية التي لم يتغير اسمها لمدة ثلاثة آلاف سنة.

في عصري الربيع والخريف والممالك المتحاربة، حيث كانت المملكة مستقرة شمال هونان بمنطقة السهول الوسطى (الحوض الأوسط للنهر الأصفر)، وبعد سنوات من الحروب التوسعية امتدت جنوبًا حتى ضمت سهول نهر اليانغتسي، واتخذت من "تشانغشا" عاصمة لها وحصنا عسكريا هاما في الجنوب. ثم انتقل سكان تشو من الشمال للجنوب ومعهم مهاراتهم ومعارفهم وخبراتهم، والتي تقاسموها مع السكان المحليين. وقد ساهم هذا الامتزاج في

خلق ثقافة تشو المميزة التي شكلت توارثا وتطورا لثقافة السهول الوسطى، وأصبحت ثقافة تشو، بما تشمله من فنون وتاريخ وتعليم وآداب وفلسفة، بالإضافة إلى العادات الشعبية، مصدرا هاما من مصادر الثقافة الصينية التقليدية. الأمر الذي أثمر بزوغ نجم مؤسس الأدب الرومانسي في الصين الشاعر "تشيوي يوان" (٣٤٠- ٢٧٨ ق.م)، وهو أول شاعر وطني على الإطلاق في تاريخ البلاد، وممثل فن القصيدة القصصية لثقافة تشو. وقد عانى "تشيوي يوان" ابن الأسرة الأرستقراطية، من التهميش والنفي بسبب آرائه السياسية، وانتهى به المطاف الموت انتحارا بعد أن ألقى نفسه في نهر "ميلوه" حزنا على وقوع بلاده تحت سيطرة مملكة تشين.

لقد أثمرت إبداعات رائد الرومانسية الشاعر "تشيوي يوان"، دفعة قوية بعيدة المدى لحركة الأدب بالصين، وفتح نموذجه الشعري آفاقًا جديدة لا يزال يحتذي به الأدباء الصينيون حاليًا، ويعتبرونه منبعًا للمبادئ التي أرساها في المثالية وحب الوطن والسعي الدؤوب لمعرفة الحقيقة وجرأته في انتقاد السلطات. فقد أبعدت حاشية الملك الشاعر الوطني "تشيوي يوان" عن البلاط، وعينته في وظيفة متواضعة بـ"تشانغشا"، وجعل انتشار الفساد والفاسدين بأرجاء المملكة إلى أن يشعر بالقلق على مستقبلها. وقد استلهم من رحلاته التي قام بها إلى نهري "شيانغشوي" و"يوانشوي" قصائده الوطنية الخالدة مثل "الحزن بعد الرحيل" و"تسع أغنيات".

وبعد أكثر من مائة عام على انتحار "تشيوي يوان"، وفي عهد

أسرة هان الغربية تكررت المعاناة من الفساد والتهميش مع رجل دولة بارز آخر، وهو "جيا يي" (٢٠٠- ١٦٨ ق. م)، حيث أُبعد عن السلطة ونُقل كي يعمل معلما صغيرا في "تشانغشا". وقتها اقتفى الرجل أثر "تشيوي يوان"، وبنى مسكنًا في نفس الزقاق بجوار البئر الذي كان يغسل الأخير عنده ملابسه ووضع فيه سريرا من الحجر، وزرع بعض أشجار الفاكهة في فناء المسكن. لكنه لم ييأس وظل يرسل الخطابات على شرائح الخيرزان لإمبراطور أسرة هان الغربية والتي تتضمن نصائح بخصوص القضايا الاجتماعية. وبعد ثلاث سنوات عرف أن خطاباته كانت تجد صدى واسعا لدى الإمبراطور وأنها ساعدت في الحفاظ على وحدة أسرة هان، فأعاده الإمبراطور مرة أخرى ليتولى منصب مستشاره الخاص. وعلى مدار سنوات نفيه شكلت القصائد التي أبدعها "جيا يي" مع الباقية من إبداعات "تشيوي يوان" إرثًا ثقافيًا ثريًا ميز "تشانغشا" عن غيرها من المدن.

شاي الطب الصيني التقليدي - شاي الأقحوان

في الفندق كان الترحيب له طعم ومذاق خاص، ففي غرفتي وجدت خطاب ترحيب صغيرا بالإنجليزية مع وردة حمراء مغلفة بورق سوليفان فاخر وبجوارها كوب من شاي الأقحوان، لقد كان لهذا الترحيب وقع كبير في نفسي، خصوصًا عندما علمت أن مشروعات زراعة زهور الأقحوان منتشرة في مقاطعة هونان كوسيلة للتخفيف من حدة الفقر، وبخلاف زراعتها هناك من يتولى مهمة قطف الزهور وتجفيفها وتغليفها تمهيدًا لبيعها ما يوفر فرص عمل

وقيمة مضافة للاقتصاد، من خلال الجمعيات التعاونية التي تمول صغار المزارعين وتمدهم بالبذور والأسمدة وتوفر لهم خدمات الإرشاد الزراعي لتعظيم الاستفادة من المحصول، ما شجع بعض المزارعين على إنشاء شركات تصنيع زراعي في مشتقات زهور الأقحوان وأبرزها منتج الشاي، و"زهرة الذهب" حصلت على اسمها هذا ليس فقط للونها الأصفر الذهبي ولكن لقيمتها الاقتصادية التي غيرت حياة الملايين للأفضل.

وشاي الأقحوان أحد عناصر الطب الصيني التقليدي فهو معروف بخصائصه المبردة والمهدئة، ويستخدم في تقليل نسبة الحمى وتحسين أعراض البرد وأمراض الجهاز التنفسي، ويقال أيضا إن له آثارا مضادة للالتهابات والمهدئات ومضادات ارتفاع ضغط الدم ومضادات التهاب المفاصل. كما أن شاي الأقحوان المشهور لدى الصينيين منذ آلاف السنين محتوى مغذي مثير للإعجاب ومعروف بدعم صحة الكبد والجلد والعين، مع وجود فيتامين "أ" وبيتا كاروتين. كما أنه يحتوي على فيتامينات "ب" و"ج" ومعادن لتقوية العظام بما في ذلك الكالسيوم والماغنيسيوم والحديد والبوتاسيوم، ويعمل كمدر طبيعي للبول ويساعد على تطهير الجسم من السموم. كما يوفر مضادات الأكسدة التي تعزز الشيخوخة الصحية. لهذه الأسباب، هو شاي معروف في هذا الشكل القديم من الطب الصيني أُستخدم كعلاج لقرون طويلة.

مقبرة "ماوانغدوي" لأسرة هان

بدأ برنامجنا في "تشانغشا" بزيارة مقبرة "ماوانغدوي"، والتي تعود لعائلة "لي تسانغ" أحد أهم المسئولين والذي شغل منصب رئيس وزراء مملكة "تشانغشا" في أوائل عهد أسرة هان الغربية. فلحسن الحظ بقيت المقبرة على حالها لأكثر من ألفي عام، حيث لم تتعرض لعمليات السطو والتخريب خلال فترات مختلفة من التاريخ الصيني. وداخل المقبرة عثر على أكثر من ثلاثة آلاف قطعة أثرية ثقافية محفوظة، ومعظمها سليم، من أبرزها جسد محنط لامرأة ومجموعة كبيرة من المخطوطات الحريرية، ومجموعة تحف متنوعة، مثل الأدوات الملكية والأقمشة الحريرية، ومنها معطف بطول ١,٢٨ متر مع أكمام طويلة لا يتجاوز وزنه ٤٩ غراما. وقطع أثرية نفيسة أخرى كاللوحات الحريرية وقطع تماثيل الصلصال الملونة، والأدوات الموسيقية والأسلحة والأختام والمخطوطات الحريرية، وكلها معروضة بمتحف هونان.

وأيضًا بداخل المقبرة التي يعود عمرها لأكثر من ٢٢٠٠ سنة، مخطوطات تصف المسارات التشريحية في جسم الإنسان، ما يجعلها أقدم نص تشريحي باق في العالم. حيث نجح الباحثون بعدما تعلموا اللغة الصينية القديمة التي كانت مستخدمة وقتها، في قراءة "نص ماوانغدوي" الذي يصف تنظيم الجسم في شكل تقسيمات، وكل منها سلط الضوء على أنماط المرض المرتبطة التي قد تنشأ في هذه المسارات. وهي المخطوطات التي كُتبت

قبل نصوص الوخز بالإبر المعروفة في كتاب «قانون الطب الباطني للإمبراطور الأصفر»، والذي تم تبجيله في الصين باعتباره ولادة الوخز بالإبر. لكن تلك المخطوطات لم تذكر تلك الطريقة العلاجية لكنها أعطت أوصافًا لمسارات تشريحية للجسم وخرائط للبنية داخل جسم الإنسان، ويقال إنها سابقة على عهد الإمبراطور الأصفر الذي اعتمدها في قانونه الطبي.

مقبرة "المراكيز هايهون"

كما تضم المقبرة قبر "ليو خه" الذي كان يتولى منصب "الماركيز هايهون" وهو لقب حكومي توارثته أربعة أجيال طوال فترة حكم أسرتي هان الغربية والشرقية، وهي مقبرة تضم عدة حفر بإحداها عشرات الأواني الخزفية والذهبية والنحاسية والفضية، وفي أخرى خمس عربات خشبية ملونة و٢٠ رأسًا من الخيول الحقيقية مدفونة مع الميت و٣٠٠٠ عربة نحاسية. وتحكي المقبرة قصة الإمبراطور المخلوع "ليو خه" الذي عثر على رفاته بالتابوت الرئيسي يلتف حول خصره ختم يشمي محفور عليه اسمه، حيث كان أحد أحفاد الإمبراطور "هان وو دي"، وتولى منصب إمبراطور أسرة هان لمدة ٢٧ يومًا فقط، تم خلعه بعدها ليصبح الإمبراطور الأقصر زمنًا في سلالة هان، وهبطت رتبته إلى عمدة مدينة ثم لرتبة "المراكيز هايهون" وهي أعلى رتبة محلية.

ألواح نقوش الخيزران والخشب

ألواح الخيزران والخشب المنقوشة والمكتشفة في مقابر "ماوانغدوي" وغيرها محفوظة في متحف بمدينة "تشانغشا"، يعتبر الوحيد في العالم المخصص لحفظ ودراسة ذلك النوع من الألواح. كانت ألواح نقوش الخيزران والخشب، وسيلة الكتابة وحفظ الوثائق في العصور القديمة في الصين، والشكل الأقرب للكتب قبل انتشار الورق على نطاق واسع.

قديمًا كان النحت على الخيزران فنا لا يجيده إلا المهرة من النحاتين، فقد كان السكين يحل محل القلم فيما يحل الخيزران محل الورقة، لكي يبدع الفنانون القدامى بالصين لوحات تعكس الطبيعة الخلابة، وهو فن يحاول الصينيون الحفاظ عليه من الانقراض خصوصًا وأنهم يرون أن الحرف اليدوية التقليدية لا تعتمد على المهارات فحسب، بل هي تعتمد كذلك على الرؤية الفنية، فهي تحمل في طياتها ثقافة الأمة وتاريخها.

ارتبط الخيرزان منذ القدم بالصين، حيث تحتل حاليًا المركز الأول عالميًا من حيث مساحات أشجار الخيزران، ولقد ارتبط بحياة الناس، فكما كان المصري القديم يستخدم أوراق البردي استخدم الصيني القديم الخيرزان وسيلة لكتابة الخطابات والمراسيم الإمبراطورية وأيضًا النحت والرسم، لذلك تحرص الحكومة الصينية على إقامة مهرجان سنوي لثقافة الخيزران

الصيني، وتنظم خلاله عروضا شعبية خاصة بثقافة الخيزران، ومعرضا تجاريا دوليا للمنتجات الخيزرانية، ومراسم اختتام الدورة التدريبية لفنون تطوير وتجهيز المنتجات الخيزرانية والروطانية وغيرها من الأنشطة المختلفة. وداخل أروقة المعرض عادة ما ينتشر مبدعو النحت والنقش على الخيرزان، فضلا عن عارضات أزياء قد ارتدينّ ملابس تقليدية وتزينّ بأساور وأقراط مصنوعة كلها من الخيزران وتقدمن عروضا يرافقها موسيقى كلاسيكي، في مشهد بديع يدوي له التصفيق الحار بين حين وآخر.

فن النقش على الخيرزان اتخذه البعض مشروعًا مدرًا للربح، ففي القرى الواقعة بين الجبال بمقاطعات وسط الصين، أنشأ عدد من الشباب تكتلًا يرفض ما دأب عليه أجدادهم باستخدام الخيرزان في صنع الحصير والمقاعد وبيعها بالمناطق الحضرية واستخدام جذور الأشجار في الطهي والتدفئة، حيث جمعوا أكبر قدر من جذور أشجار الخيرزان ودشنوا مصنعًا لإنتاج لوحات الخيرزان التي تجسد تفاصيل الحياة والطبيعة والشخصيات الشهيرة، وهكذا نمت أعمال المصنع تحت إشراف أستاذ بكلية الفنون الجميلة، حتى أصبح مقصدًا لآلاف الباحثين عن تلك اللوحات البديعة، وحاليًا بعدما استفاد من التكنولوجيا وبات يسوق ورفاقه لمنتجاتهم على الإنترنت تخطت أرباحهم مليوني يوان في السنة الواحدة. كما استخدم الصينيون الخيرزان كأداة موسيقية، وأبرزها المزمار الخيزراني العمودي وغيره، ولا تزال حاليًا فرق موسيقية تستخدم

آلات خيرزانية فقط، فضلًا عن استخدام الخيرزان في بناء البيوت.

جبال "أفاتار"

تعتبر هونان مقاطعة كثيرة التلال ذات طبيعة طبوغرافية معقدة، وكان ذلك من الأسباب التي أعاقت تطورها في الماضي، فبقيت مقاطعة زراعية متخلفة. لكن الآن تبدل الحال وأصبحت هونان مقصدًا سياحيًا، أبرز معالمه العدد الكبير من المناظر الجميلة والمواقع التاريخية المشهورة، ومنها بالطبع منطقة حديقة غابات "تشانغجياجيه" المشهورة.

حديقة غابات "تشانغجياجيه" الوطنية، هي أول المواقع الصينية إدراجًا على قوائم التراث العالمي باليونسكو، وهو ما يجعلها مفخرة للصينيين، ومن الوجهات المفضلة لديهم. وعلى المستوى العالمي، تشتهر أيضًا باسم "جبال الأفاتار"، حيث ألهمت المخرج السينمائي الشهير "جيمس كاميرون" بتصوير فيلمه "أفاتار" هناك، نظرًا لطبيعتها وجبالها المسننة الشاهقة التي تأخذ أشكال أعمدة متراصة من الحجر الرملي، تنطلق من قاع الوادي صوب السماء، مع تناثر شجيرات خضراء مورقة على قممها الضيقة التي تناطح السماء. ففي عام ٢٠٠٤، صُنفت كواحدة من الحدائق الجيولوجية العالمية. "تشانغجياجيه" البالغة مساحتها ٣٦٩ كلم مربع، يبلغ معدل الغطاء الغابي بها ٩٧,٧٪، وهي لم تُفتح تجاريا، بشكل رسمي، قبل وقت طويل، كمقصد سياحي. فمنذ أقل من عشرين عاما كان هذا

الجلال كله للمحليين. لكي تصبح بعد سنوات كمغناطيس يجتذب السائحين في آسيا، وفُتح الباب لحشود البشر. فأعلى قمم جبالها ترتفع ١٨٩٠ مترا فوق مستوى سطح البحر، وشكلت الطبيعة فيها بعض النماذج الخلابة من تكوينات الحجر الرملي الكوارتز. هذه القمم ترتفع مثل أنامل مفصلية عملاقة، كلها تحمل أسماء لأساطير وفيها خيال للموجودات من هذا العالم والعوالم الأخرى. جواسق، جسور وكهوف، بحيرات وشلالات في كل مكان، إن الأمر يبدو كأن الفرد هبط، مصادفة، في سلة من المعالم الطبيعية في مكان واحد. ففي وادي "سوشيوو" بالحديقة، الذهاب من أعلى الأرض إلى أسفل في أحشاء الأرض، تجربة فريدة. هنا تصعد من أعلى مصعد مكشوف في العالم، والذي يهبط ٣٣٥ مترا ويعطيك مشهدًا لبيت كنوز الموارد الطبيعية في الطريق للأسفل. إنه المكان الأمثل لتصوير أفلام الرعب. أحد معالمه الرئيسية الحليمة السفلية التي ترتفع ١٩,٢ مترا، وتسمى الإبرة المقدسة، والتي تقول الأسطورة إنها تحمي الملك التنين الذي يقيم في الأعماق المظلمة. هذه الحليمة ذات التوازن الدقيق، يبلغ نصف قطرها عشرة سنتيمترات ليس أكثر، تم التأمين عليها عام ١٩٨٨ بمبلغ مائة مليون يوان، والكهف له مجراه المائي الخاص الذي تسبح فيه القوارب مثل أسماك السلور، مقترنا بضوضاء، واندفاع الزوار يعطي المكان كله نكهة ديزني لاند. إذا سرت على الدرب الدائري "لوولينغيوان"، فستكتشف الأعماق المقبضة لكهف التنين الأصفر، وإذا ركبت سيارة تدور حول بحيرة "باوفنغ"، أو تنزهت بمحاذاة التيار الخافق

الذهبي ستحظى بكرم الضيافة والإثارة. بيد أن الوصول إلى هذا الجمال الطبيعي الأخاذ ليس سهلاً. فالسير على الأقدام من أفضل الوسائل لاستكشافها.

كما يمكن الاستمتاع بركوب الزوارق في نهر "ماويان" المؤدي لمدينة "وولينغيوان"، يمكن المشي على حافة النهر، حيث أعمدة الحجر الرملي، وكتل الكوارتز المنتصبة بقامتها السامقة مثل الرماح، تطل على المنحدرات المحيطة. وعبر أحد الدروب غير المعبدة تصل للغابة، ومنها للقمة. هنا، وبعد مشاهدة المناظر البانورامية المحيطة، سيهون كل التعب والإرهاق.

إن حديقة "تشانغجياجيه" الغابية تستحق لقب "أجمل حديقة معلقة بالصين". هي جنة حقيقية على الأرض لمحبي الاستجمام في أحضان الطبيعة، فهي دافئة شتاء باردة صيفا، ما يوفر للزوار هواء نقيا ومنعشا. والأكثر جمالا هو أصوات الطبيعة الهادئة التي تساعدك على التأمل وتهدئة الأعصاب.

الفصل الثاني: معجزات أغلى فلاح في العالم

وسط الفعاليات الرسمية للمعرض التجاري الصيني الإفريقي الأول، نظم لنا البرنامج زيارة إلى مقر الأكاديمية التي دشنها "يوان لونغ بينغ" الملقب بـ"أبو الأرز الهجين" بمدينة "تشانغشا"، والأهم

أن عظمة ذلك الرجل تنبع من كونه ظهر بعد وقت عانت فيه الصين من مجاعات واضطرابات صاحبت أحداث الثورة الثقافية من منتصف الستينيات حتى منتصف السبعينيات من القرن الماضي، لكي ينجح في سد جزء كبير من الفجوة الغذائية من خلال تطوير واستنباط أصناف جديدة من الأرز عالية الإنتاج قليلة الاحتياج للماء، خصوصًا في وقت تتجه فيه المياه العذبة بجميع الأنهار والبحيرات إلى الندرة، وأصبح العالم يتطلع إلى وسائل أكثر تطورًا للحفاظ على المياه بأكبر قدر ممكن، خصوصًا في ري الزراعات كثيفة استهلاك المياه مثل الأرز.

وكما هو الحال في مصر ومعظم بلدان العرب، يتصدر الأرز قائمة الوجبات الأكثر شعبية في الصين، ما جعل السيد "يوان لونغ بينغ" خبير زراعة الأرز يعكف في معمله على استخدام التكنولوجيا في اكتشاف نوع جديد من الأرز يوفر على الدولة مليارات الأمتار المعكبة من المياه المهدرة سنويًا في حقول الأرز، ليس ذلك فقط ولكنه أسس أكاديمية لتدريب المهندسين والفنيين في مرزعته بمدينة "تشانغشا" عمل خلالها بمساعدة الحكومة والحزب الشيوعي الصيني على تعميم تجربة زراعة الأرز الهجين، وذلك رغم أن الصين تمتلك نهرين من أكبر أنهار العالم هما اليانغتسي والنهر الأصفر واللذان يجريان في أراضيها فقط من الغرب للشرق بخلاف أنهار صغيرة أخرى ومجار مائية وأراض تزرع على مياه الأمطار، إلا أن التغيرات المناخية تنبئ بتناقص حصص المياه بجميع أنهار العالم،

ما جعل الرجل يفكر وخرج بفكرة "الأرز الهجين" والتي أثبتت نجاحًا منقطع النظير جعل الصينيين يطلقون عليه لقب "أبو الأرز الصيني".

والرجل الطاعن في السن لا يبدو عليه أنه في الثمانينات من عمره، فإذا رأيته لا تعطيه أكثر من ٥٠ سنة، ورغم ذلك فهو لا يرغب في التقاعد، ورغم ما حصده من شهرة وجوائز عالمية إلا أنه لا يزال يعيش في منزل بسيط ويتناول الأطعمة النباتية فقط، ويصر على ممارسة الرياضة البدنية ومراقبة الحقول، كما أنه يجيد العزف على آلة الكمان، وهي أصعب الآلات الموسيقية في الأداء، ما يدل على قوة أعصابه، حيث يستمتع بالعزف في حقول الأرز ويجمع بين الفن والطبيعة، ما جعل زملاءه الباحثين الدوليين يطلقون على اختراعه لقب "الإنجيل الذي جاء لإنقاذ البشرية جمعاء"، حيث تقول الإحصائيات الصينية أن قرابة ملياري شخص استفادوا من أبحاثه عن الأرز الهجين حول العالم. وفي دورة الألعاب الأولمبية الصيفية "بكين ٢٠٠٨"، كان "يوان لونغ بينغ" أول حامل للشعلة الأوليمبية، والتي عبر بها عن رغبة الصين في مد يد الصداقة والخير إلى العالم أجمع من خلال القضاء على الجوع بزراعة الأرز الهجين كثيف الإنتاج.

الرجل الذي ظل يحرث في الأرض لأكثر من ٦٠ عامًا يزرع الأرز الهجين، نجح في تحويل صحراء "غوبي" المهجورة غربي البلاد (أكبر مساحة صحراء في الصين)، إلى مساحات خضراء مزروعة بالأرز الهجين، الذي يتميز بمقاومة عوامل التصحر، خصوصًا

وأن تربتها الملحية الثقيلة لم تستجب لأية زراعات أخرى باستثناء الأعشاب العشوائية وغير المفيدة، واليوم تزرع مساحة كبيرة من تلك الصحراء بالأرز الهجين، وبعد سنوات سوف تكون صالحة لزراعة محاصيل أخرى بجوار الأرز. وبمرور الوقت استفادت دول من آسيا وإفريقيا والأمريكتين من التجربة، في مقدمتها مصر، وأرسلت عشرات المهندسين والفنيين الزراعيين للحصول على دورات في تلك الأكاديمية، ما جعل دولة مثل مدغشقر جنوب القارة السمراء تحقق الاكتفاء الذاتي من الأرز، لدرجة أن المدغشقريين زاروه عدة مرات في "تشانغشا" وأبدوا رغبتهم في أن يزور بلدهم وغيروا العملة الوطنية لكي تتضمن سنبلة الأرز الهجين كبيرة الحجم.

وإن عددا كبيرا من الدول استفادت من تلك التجربة الرائدة، منها مصر حيث استضافت الأكاديمية، مهندسين وفنيين زراعيين مصريين، تم تدريبهم على زراعة الأرز الهجين، كما تم إرسال مهندسين صينيين إلى مصر في وقت سابق في إطار التعاون بين البلدين الذي وصل إلى الشراكة الإستراتيجية، بوصف مصر أول دولة عربية وإفريقية تنضم إلى مبادرة "الطريق والحزام".

في أكاديمية ومزرعة أبو الأرز الصيني "يوان لونغ بينغ"، لم يستطع الرجل الطاعن في السن "٨٥ عامًا" الحضور، ولكنه تحدث معنا عبر تقنية الفيديو كونفراس وأطلعنا على تفاصيل تجربة زراعة الأرز الهجين في الأكاديمية والمزرعة من خلال المهندسين من تلاميذه. ويقول إن الصين مستعدة لمساعدة البلدان النامية التي

تعاني من مشاكل في زراعة الأرز مثل مصر، لتطوير أجيال بذور الأرز الهجين بما يتناسب مع ظروف التربة والمناخ وتوافر مياه الري، معربًا عن ثقته في تحقيق هذا الهدف في المستقبل القريب. مشيرًا إلى أنه وباحثيه بالأكاديمية سوف يستمرون في أبحاثهم بهدف حل مشاكل الأمن الغذائي في الداخل والخارج، موضحًا أن تجربة الأرز الهجين أثبتت نجاحها في ٤٠ دولة من خلال التعاون مع فريقه البحثي، حيث بلغت المساحات المنزرعة به أكثر من ٧ مليون هكتار في ١٠ دول فقط أكبرها الهند وفيتنام وبنجلاديش.

ومؤكدًا أن الأرز الهجين ولد في الصين، لكن الصين تقدمه للبشرية جمعاء. وعن سبب اختياره للعمل في مجال الزراعة، حيث أكد أن حالة الفقر والجوع التي كان عليها الصينيون فترة الأربعينيات والخميسنيات من القرن الماضي، موضحًا أنه يتذكر الجياع وهم يجلسون القرفصاء على قارعة الطريق، ينتظرون الحصول على الطعام، ووقتها قرر أن يساهم في بناء دولة قوية من خلال الزراعة لمحاربة الجوع. مضيفًا: "عرفت من أجدادي كيف أكون مقتصدًا ، لأنني اكتشفت أنه عندما كانت الصين غير قادرة على تناول ما يكفي، عاشت أسرتي في فناء صغير على مقربة من الأكاديمية البحثية التي دشنتها ، في منزل صغير ذات فناء والأطفال والأحفاد يعيشون معًا". ويتابع قائلًا: "أحب أن أشتري الملابس الرخيصة وأرتدي أفضلها عندما أذهب إلى الحقل، لأن سعر الشخص ليس بما يرتديه، وقيمته تتحدد بجودة الشخص نفسه"، ويستطرد:

"سوف أنفق كل أموالي على الأكاديمية لأن بعض الناس يحتاجون لأكثر مما أحتاج، فتطوير البحث العلمي يحتاج لإسهامات خاصة من الباحث والأكاديمي، فأنا لا أريد أن أكون غنيًا فقط، بل أريد أن أصبح مواطنا شريفا يقدم إسهامات لمجتمعه والعالم".

الباب الثامن: ملفات ساخنة ورؤيتي عن الثقافات الصينية

الفصل الأول: ثقافات صينية مثيرة للاهتمام وفريدة من نوعها

يوان أم رنمينبي؟

كان صديقي السوداني "عبد الرحيم بشير" قد اتفق مع أحد أهم الصحفيين المقيمين ببكين وهو من بلده واسمه الأستاذ "يحيى مصطفى"، و"العم يحيي" كما كنا نحب أنه نناديه يعيش في العاصمة الصينية منذ ٣٥ سنة، حيث قدم مع أسرته تاركًا عمله بـ"الخرطوم" في وكالة الأنباء السودانية الرسمية "سونا"، ويعلم الكثير عن أسرار الصينيين وعاصر مراحل تطور بكين، وقتها وجدتها فرصة وألقيت عليه بكل ما يحمله رأسي من أسئلة محيرة لم أجد إجابات لها، فسألته عن سبب تسمية العملة الرسمية "رنمينبي" وما الفارق بينها وبين "اليوان"؟ وما سر الكلمات المدونة عليها بأرقام وبحروف مثل عربية بجوار الإنجليزية والصينية ولغات أخرى؟ فقال لي: أولا إن

العملة اسمها الرسمي "رنمينبي" ولكنه متعارف عليها باسم "يوان" وقد حصلت على الاسم الرسمي بعد تأسيس الجمهورية الجديدة في الصين وكلمة "رنمين" تعني الشعب، و"بي" تعني عملة وإذا جمعتها تعني "عملة الشعب"، ولكن تعارف الناس على كلمة يوان هي الوحدة من العملة.

فسألته عن أسباب الكلمات بلغات مختلفة ومنها حروف عربية على العملة، فقال إنه كما يعرف الجميع أن الصين بها قوميات كثيرة لها لغاتها المحلية، وعلى اليوان ستجد عبارة بالصينية تعني بنك الشعب المركزي الصيني، ومثلها باللغة االويغورية واللغة التبتية واللغة المنغولية، مع صورة الرئيس ماو تسي دونغ، رمز الثورة الحمراء ومؤسس الجمهورية الجديدة والرمز الذي يعشقه ويحترمه كل الصينيين، وكل ذلك يعطي رسالة بأن الصين الواحدة تتمسك بالحفاظ على هوية القوميات المختلفة وتعتبرها مصدر قوة لا ضعف.

ثقافة الماء الساخن وثقافة شاي

فقلت له: "عم يحيى" لقد فوجئت أن الصينيين لا يشربون الماء البارد حتى لو كنا في فصل الصيف ودرجة الحرارة مرتفعة، كما أنني تعجبت عندما دعاني صديق صيني إلى بيته فقدم لي في البداية كوبا من الماء الساخن تعبيرًا منه عن واجب الضيافة. وقتها قلت له لا ، أنا أريد ماء باردا فاعتذر لي قائلا إنه لا يشرب

الماء البارد، فما سر ذلك؟ فضحك قائلا: يا صديقي، لا تتعجب، لأن الصينيين يشربون الماء الدافئ على مدار اليوم وفي كل أوقات السنة، وهنا الطفل إذا تناول ماء باردا سيتعرض لانتقادات من الجد والجدة والآباء والأمهات حيث يقولون له إن الماء البارد سيصيبه بالتشنجات، وشربه ساخنًا للتجنب للإصابة بالبكتيريا والميكروبات.

بالإضافة إلى أن تعاليم الطب الصيني التقليدي لعبت دورًا هامًا في ولع الناس بالمشروبات الساخنة، حيث يقول إن تناوله في الصباح يساعد على الهضم ويحسن الدورة الدموية، ويساعد على إزالة السموم، وتخفيف ألم العضلات، عكس الماء البارد الذي يقولون عنه إنه يسبب تقلصات بالعضلات وإبطاء الوظائف العضوية، لذلك فإن معظم المطاعم الصينية توفر خيار المشروبات الغازية الساخنة أو تلك التي تكون في درجة حرارة الغرفة، بدلاً من المشروبات الباردة، لأن هناك مبدأ صينيا يقول إن الطعام الساخن حين يُقدم مع الماء البارد، فإن ذلك يسبب خللاً في درجة حرارة الجسم، كما أنه يتم تقديم الماء الساخن في الجلسات الرسمية في البلاد، وأيضاً يتم تقديمه لكبار المسئولين بقاعة المؤتمرات، ويمكن القول إنها عادة صينية ليست موجودة لدى جيران الصين مثل كوريا واليابان، والذين لديهم أيضًا تقليد الشاي منذ فترة طويلة، إلا أنهم غير مقيدين بشرب الماء الساخن الذي يقال أيضًا إنها أحد أسرار طول العمر في الصين، ومؤخرًا تتم إضافة شرائح

الليمون الحامض للماء الدافئ، كطريقة جديدة وصحية أكثر، والإمام "جعفر الصادق" قال إن "الماء المغْلِي ينفع من كل شيء ولا يضر من شيء".

ويقول البعض إن أسطورة اكتشاف الشاي في الصين مرتبطة بشرب الماء الساخن، ما يؤكد أنها عادة قديمة جدًا حيث تقول الأسطورة إن الإمبراطور "شن نونغ" أحد أباطرة السماء والذي علّم الصينيين الزراعة قبل ٥ آلاف سنة كان يحتسي كوبا من الماء الساخن تحت شجرة ووقتها سقطت ورقة شجر في الكوب واستكمل شربه دون أن يدري ليجد طعمه لذيذ ومنعش وباعث على النشاط والحيوية فأمر بغلي أوراق الشاي مع الماء وأن يشربه الجنود، وتوضح الأسطورة كيف كان الإمبراطور يؤمن بأن الماء الساخن يقي الجسم من الأمراض

حدثني "العم يحيي" عن الشاي الصيني وثقافته، فقال إن الشاي التي نقلها العرب المسلمون عبر طرق التجارة القديمة حتى وصلت أوروبا، وهو شيء أساسي في كل بيت مرتبط بالثقافة الصينية القديمة. فهناك مثل صيني يوضح مكانته فيقول إن أساسيات سبعة يجب أن تتوفر في كل بيت هي "الحطب، والأرز، والزيت، والملح، والصلصة، والخل، والشاي"،

لقد اكتشف الشاي في الصين قبل أي دولة (الآن يُنتج في أكثر من ٦٠ دولة ومنطقة بالعالم)، وكان الشاي في الصين مشروبًا

رفيع المستوى مقتصرًا على الرهبان والأسرة الإمبراطورية وطبقة النبلاء، ثم أصبح تناوله له طقوس في عهد أسرة تانغ، وضعها خبير الشاي "لو يوي" في كتابه «الشاي الكلاسيكي» الذي مزج فيه بين تعاليم الكونفوشية والبوذية والطاوية في تناول الشاي، ومع الوقت أصبح للشاي قيمة كبيرة حيث كان هدية نفيسة يقدمها الإمبراطور للوزراء أو المبعوثين الدوليين لتعزيز أواصر الصداقة بين الدول، ثم حظي بشعبية كبيرة وبات أحد طقوس الزواج المهمة عندما يقدم العروسان كؤوس الشاي لوالديهما أو عندما يحتسيانه بعد دخولهما عش الزوجية، فيما بعد حظيت ثقافة وطقوس الشاي بشعبية بين العامة وأقيمت مسابقات له حول جودة أوراقه ولونه ونكهته ومهارات صانعيه، حيث اختلفت طرق إعداد أوراق الشاي بين التبخير والتحميص والتجفيف، وتنوعت كذلك أشكال أدوات الشاي المستخدمة وجودتها وتصميماتها.

ويمكن القول إن معظم أراضي الصين تزرع وتنتج الشاي بأنواعه المختلفة، ويطلق عليه "تشا" أي شاي وهو الاسم المتعارف عليه في معظم حضارات الشرق ومنها منطقتنا العربية، ويُزرع في ٢١ مقاطعة ومنطقة ذاتية الحكم، و٩٦٧ محافظة بالصين، ومن بين أنواعه المتعددة، هُناك عشرة هي الأشهر، مثل: شاي شيهو لونغجينغ، وشاي دونغتينغ بي لو تشون، وشاي ووييان تشا ، وشاي تيهقوانين، وشاي تشيمن هونغ، وشاي شينيانغ ماوجيان، وشاي جونشان يينتشن، وشاي بوآر، وشاي ديانهونغ.

ومؤخرًا قررت الأمم المتحدة اعتبار يوم ٢١ مايو من كل عام "اليوم الدولي للشاي"، ما يعتبر اعترافًا بمنتج ثقافي خرج من الصين لكي يغزو العالم، وهو أمر محل تقدير من الصينيين، ففي مدينة "هانغتشو" وصل تقدير الناس له لدرجة أنهم أنشأوا له متحفا وطنيا بالمدينة الواقعة بمقاطعة تشجيانغ ويعتبر المتحف مركز تقدير المشروبات المفضلة في الصين، حيث يحكي المتحف تاريخا طويلا يمتد عبر قرون وثقافات متعددة، وفي المتحف تقام أنشطة شعبية ومهرجانات تمارس خلالها طقوس احتساء الشاي الصيني، واستعراض المهارات الفنية، ومعارض صور تحكي تاريخ زراعته وتطورها وثقافته الملونة على مدى آلاف السنين، وعادات وتقاليد تناول الشاي، ويمكن للزوار تذوق الشاي من النكهات المختلفة أثناء الاستمتاع بحفل الشاي التقليدي، ومؤخرًا استفاد منتجو الشاي بالتكنولوجيا ولجأوا لتسويق منتجاتهم عبر منصات الإنترنت مثل موقع "تاوباو" من خلال بث حي لعملية قطف وتقليب الشاي وإعداده للبيع، بحيث يمكن للمشترين معرفة جودة الشاي بشكل مباشر.

فيما بعد سنحت لي فرصة التجول في مزرعة كبيرة للشاي بمختلف أنواعه على قمم هضاب مدينة "هانتشونغ" بمقاطعة شنشي (عاصمتها شيآن) وسط غربي الصين، التي تقع بين جبال "باشان" وهي جزء من سلسلة جبال "تشينلينغ"، وهذه المزرعة أنشأها أحد المزارعين، الذي تمكن من خلال تطوير نفسه بالعمل في تجارة الشاي، وقام باستئجار مساحة ١٢٠ ألف كلم مربع من الهضاب

من الحكومة المحلية لزراعة الشاي.هناك اصطفت فتيات جميلات يرتدين ملابس تقليدية خلف منضدة خشبية طولية تبدو قديمة وقدمن لنا طقوس تناول الشاي، وقتها شعرت بسعادة كبيرة لأن طريقة تقديم الشاي تكون الفتاة خلالها مطأطأة الرأس شبه منحنية وهي تمد يديها بالفنجان الصغير بشكل فوق الاحترام والتقدير، وهنا أدركت كم كان يتمتع قدامى الصينيين بهذا القدر من الاحترام وتوقير الضيف، وهو أمر نابع من تلك الشخصية الصينية الطيبة المسالمة.

هناك اكتشفت أنه مشروع خاص وفي حوار مع صاحب المزرعة "وانغ يوي تشوان"، قال لي إن المزرعة كانت تستهدف منها تنفيذ برنامج الحكومة الصينية لمحاربة الفقر، من خلال توفير فرص عمل لقرابة ٣٠٠ أسرة، حيث أنشأت مجموعات كل منها مكون من خمسة أفراد وكلهم يعملون في جمع محصول الشاي وزراعته، ومتابعة نموه من خلال مكافحة الفطريات والحشرات للحصول على محصول جيد، مشيرًا إلى أنه يوفر مسكنا ملائما لكل تلك الأسر، وأن كل فرد يحصل على ٣٠٠٠ يوان صيني كل أسبوعين ما يعادل ٥٠٠ دولار تقريبًا. وأكد السيد "وانغ يوي تشوان" أنه من بين مواطني "هانتشونغ" البالغ عددهم ٣ ملايين و٦٨٠ ألف نسمة، أسسوا مشروعات مشابهة بالتعاون من الحكومة المحلية، بهدف مكافحة الفقر كجزء من سياسة وطنية لبناء مجتمع رغيد الحياة بحلول عام ٢٠٢٠، مشيرًا إلى أن تلك المشروعات نجحت

في تحقيق نمو قدره ٩,٥٪ في عام ٢٠١٨ ، وانتشال قرابة ٦٠٠ ألف مواطن من دائرة الفقر، خلال السنوات الثلاثة الأخيرة.

ثقافة الانضباط

ورغم أنني لم أسافر لكل بلدان العالم إلا أنه أمر لم أره أو أسمع عنه في شعوب أخرى، فقال "عم يحي" لي إن الانضباط ثقافة في الصين وليس سلوكا وهو أمر متجذر بداخلهم ومرتبط بأدبياتهم منذ آلاف السنين، ففي كتاب "الحوار" لكونفوشيوس تجد ذلك الحكيم الذي قلما يجود الزمان بمثله يطرح مفهوم الـ"رن" أو "الرحمة والبر" كنواة لفكر الكونفوشية، ويتجسد هذا المفهوم في حب الناس، وهذا يمثل نقطة انطلاق فكر الكونفوشية، ونواة محتواه، ومنتهاه كذلك، وسياسيًا يتجسد في مبدأ الحكم القائم على الأخلاق الفاضلة. إذ رأى كونفوشيوس أنه يجب على الحاكم أن يحب شعبه، وأن يقوم حكمه على الرحمة والبر والأخلاق الفاضلة، ويعمل ليحقق مصالح رعاياه، وتعليميًا يتجسد في مبدأ عدم التمييز في تلقي العلم ومنح الحق للجميع في التعليم على قدر المساواة، فضلا عن التحلي بأخلاق حميدة كالولاء والعفو والبر والحب الأخوي والتعاطف مع الآخر وتفهمه ومساعدته، واحترام الأبوين وكبار السن وحب واحترام الأخ الكبير.

وبهذا السلوك التهذيبي للطفل منذ الصغر يخلق لدى المواطن الصيني ثقافة انضباط داخلية ذاتية، حيث يحرص دائمًا على كبح

النفس عن الشهوات وإنكار الذات والعودة للآداب، والابتعاد عما يخالف الآداب، ما يخلق في النهاية مجتمعا متناغما، من خلال التزام كل بالقانون، بداية من الملوك والأمراء وحتى العامة من الشعب.

ويمكن أن ترى مشاهد الانضباط في الحياة اليومية للصينيين، فإذا ذهبت إلى المترو تجد الناس تسير في صفوف منتظمة متساوية بدون زحام أو تزاحم، وفي أي شركة أو هيئة عندما يحين وقت الطعام تجدهم قد توقفوا عن العمل وانهمكوا في تناول الطعام، وفي وقت العمل تجد كل منهم منشغلا بما يقوم به دون الانشغال بالآخرين، وفي المدارس إذا كنت هناك بعد انتهاء اليوم الدراسي فستجد التلاميذ يخرجون في صفوف منتظمة بدون هرج أو مرج، فإن رؤية الغرب خاطئة بأن هذا الانضباط انصياع وطاعة عمياء وسلب حرية بسبب الحكم الشمولي، بالضبط وهذا لأنهم لم يتعمقوا في دراسة الشخصية الصينية فضلا عن وجود سوء نية من الأساس لها أهداف سياسية بحتة فلا علاقة بين الانضباط والحرية الشخصية، والانضباط هنا ليس نقيضًا للحرية، وإنما للانحراف والحرية العشوائية والفوضى، ويكفي أن تعلم أن ثقافة الانضباط أنقذت الصين من مهالك جمة عبر العصور.

الفصل الثاني: حكايات الحب والزواج بالصيني

"٥٢٠" عيد الحب على الإنترنت

عيد الحب الذي يحتفل به الغربيون يوم ١٤ فبراير من كل عام، والمعروف باسم "فالنتاين". وقد اختار الشباب في الصين لعيد حبهم اسمًا وهو "٥٢٠"، والذي يشابه في نطقه باللغة الصينية كلمة "وو آي ني" أو "أحبك"، لذلك اكتسب معاني رومانسية جميلة.

إن الصينيين شعب عملي لكنه في نفس الوقت لا ينسى إظهار مشاعر الحب في أي مناسبة، ويظهرون مشاعر الحب مثل بقية شعوب العالم، وتبشر الشوارع والمراكز التجارية والمطاعم بقدومه، من خلال إعلانات عن عروض وهدايا وأنشطة وفعاليات مختلفة واستثنائية لجذب أكبر عدد من العشاق، فتكتسي المراكز التجارية باللون الأحمر، وتزين الزهور والقلوب الحمراء كل مكان، ويسارع العشاق لشراء الهدايا، وأحيانا يحجزون الأماكن الرومانسية قبل عدة أيام من هذا اليوم. وقبل عيد الحب أتاحت التجارة الإليكترونية للمستهلكين خيارات شراء أكثر تنوعًا ووصولا أكثر سرعة ويسرًا بعد التطور الكبير.

ومن المعتاد في مثل هذا اليوم أو قبله أو بعده بيوم، أن تجد طوابير طويلة من الشباب والفتيات راغبي الزواج أمام مكتب الخدمة

المدنية، يرغبون في إتمام أوراق عقد قرانهم، ويؤجلون تنفيذ ذلك طول أيام السنة إلى ذلك اليوم، تعبيرًا من كل منهم عن حبه للآخر. وفي نفس اليوم قبل أعوام، كانت قد افتتحت حكومة مقاطعة قانسو شمال غربي الصين، مكتب بريد مخصصا للحب فقط في المنطقة السياحية "وادي بينغشانهو"، حيث أطلق المكتب جواز سفر الحب وختم الحب وكلمة الحب السرية وبطاقات الحب البريدية والطابع البريدي التذكاري وغيرها من منتجات ثقافية.

شقة الزفاف والطلاق وتحريم الكشف عن نوع الجنين

لأن عش الزوجية أمر مهم في عملية الزواج، فإن أول سؤال يوجه إلى العريس من أهل عروسه هو: "عندك شقة؟" حيث ترفض معظم العائلات تزويج بناتها في شقة مستأجرة وتصر على أن تكون الشقة "تمليكا" بحيث يكون لهن مكانًا خاصًا يضمن الشعور بالأمان والانتماء. فيما يعتبر الشباب أو الرجال أن الضغوط الاقتصادية والارتفاع الجنوني لأسعار العقارات في عموم الصين خصوصًا في العاصمة بكين، جعلت من شراء منزل أو شقة أمرا صعبا للغاية ومكلفا مؤكدين أنه ليس الضمان الوحيد كي يشعر شريك الحياة بالأمان، وأن ما يهم أكثر هو ما إذا كان يمكن للزوجين دعم بعضهما البعض والعمل بجد، وبهذه الطريقة، يمكنهما شراء منزل في المستقبل القريب.

في مصر "الطلاق" صعب سواء للمسلمين أو المسيحيين، وهو

"أبغض حلال" وفقًا للشريعة الإسلامية، لأنه ينتج عنه تدمير للأسرة وضياع الأولاد وانحرافهم في أغلب الأحيان ويتحولون لأشخاص عالة على المجتمع، وفي الصين أيضًا أصعب الأشياء هي الطلاق، فالقانون يجعل الرجل يعطي معظم ممتلكاته للزوجة بعد الطلاق، ويظل ملتزمًا بالإنفاق على الأطفال الذين يعيشون مع زوجته.

وفي الصين الكشف عن نوع الجنين من المحرمات، فنظرًا لأن سياسة الطفل الواحد أجبرت الأسر الصينية على الالتزام بإنجاب طفل واحد فقط قبل تنفيذ سياسة الطفل الثاني، فدائمًا ما يرغب الآباء في إنجاب طفل ذكر وليس أنثى يستطيع أن يحمل اسم العائلة ويرث ممتلكاتها، فانتشرت عمليات الإجهاض لأنها غير محرمة قانونًا، لذلك كافحت الحكومة ذلك بأن حرمت الكشف عن نوع الجنين ومعاقبة أي طبيب أو مستشفى أو عيادة إلخ، يثبت تورطه أو تورطها في المساعدة بالتعرف على نوع الجنين.

حفل الزفاف على النمط الصيني

لأن لون الزواج يكون عادة مكتسيا باللون الأحمر في كل شيء كملابس العروسين والديكورات، وهو اللون المرتبط بالحضارة الصينية وعلم الدولة.

ولا يزال التمسك باللون الأحمر في كل شيء يتعلق بالزفاف، من بطاقات الدعاوي وصناديق الهدايا ومغلفات المبالغ النقدية التي تقدم كهدايا، وحتى فستان العروس وإكسسواراتها، ويمر العروسان

أثناء الزفاف تحت أقواس حمراء أيضًا. فهذا اللون يمثل في الثقافة الصينية مكانة مهمة في يوم الزواج، وله دلالة كبيرة إذ انه يرمز إلى السعادة والسرور الأبدي في الحياة الزوجية، ولذلك فإنه يتم استخدامه بكثافة في تلك الاحتفالات.

رغم أن معظم الناس في الصين أصبحوا يتبعون أنماط حفل الزفاف الغربي الحديث، إلا أن آداب الزفاف الصينية التقليدية لا تزال تحظى بالاحترام، كما يحرص الكثيرون من الصينيين على اتباعها. وفي أيامنا هذه، غالبا ما يتبع سكان المدن الآداب التقليدية للزواج، إلا أن حفلات الزفاف باتت تمتزج بعض الشيء بعناصر الزفاف الغربية.

قديما كان العريس يركب صباح يوم الزفاف حصانًا مع فريق من الأشخاص يحملون المحفة وهدايا لوالدي العروس، كما أنهم يعزفون على الآلات الموسيقية على طول الطريق. أما العروس المغطاة بغطاء أحمر على رأسها ، تقودها أختها أو وصيفة العروس من غرفة نومها، ثم يقودها والدها إلى العريس. يحمل العريس العروس على ظهره ويضعها على الكرسي. تنطلق المفرقعات النارية في الطريق إلى منزل العريس، ثم يقود العروس شخص كبير من جانب العريس خارج المحفة عند وصولها منزل العريس، وهناك تحتاج العروس إلى تجنب الخطو على العتبة. في غرفة العائلة، يقوم العروس والعريس بأداء مراسم الانحناءات الثلاثة، أولاً الانحناء للسماء والأرض، والانحناء الثاني للسلف، والانحناء الثالث لوالدي

العريس ثم الانحناء لبعضهما البعض. يدخل العروس والعريس غرفة النوم الجديدة. فيما بعد تقام مأدبة الزفاف فيما ستبقى العروس في غرفة النوم الجديدة. فقط العريس سيقدم النبيذ لكل ضيف (تعبيرا عن الاحترام والتشكر) حيث يكون جميع الأقارب والأصدقاء مدعوين، ويتم تسليم الأموال الموجودة في مظاريف حمراء للعروس والعريس.

بعد المأدبة، يدخل العريس إلى غرفة النوم الجديدة المضاءة بالشمعة ويكشف الستار عن العروس، ويأتي الناس أيضًا ويحتفلون في غرفة النوم الجديدة. وبعد انصراف الجميع يُغلق الباب، ويغادر الناس الغرفة لكنهم يظلون بالخارج يستمعون للحديث بين الزوجين الجديدين، في ذلك الوقت يتناول الزوجان الجديدان بعض الزلابية الحلوة أو الحساء الحلو المصنوع من الفول السوداني والتمر وبذور اللوتس واللونجان، مما يدل على رغبتهما في إنجاب طفل جديد قريبًا، كما يحتسان "نبيذ النكاح" حتى يدخلان مرحلة الثمالة وقتها تبدأ طقوس الحب التي تحدث بين أي زوجين ليلة الدخلة.

في الوقت الحاضر تم استبدال المحفة بالسيارة، وفساتين العروس بثوب الزفاف الأبيض، وفساتين العريس بالبدلة السوداء ورابطة العنق المعروفة في أي مكان آخر. في المدن يكون حفل الزفاف غربيًا بعض الشيء، حيث يستقبل العروس والعريس الضيوف أمام المطعم الذي تقام فيه المأدبة، ويقدم الضيوف "نقطة الفرح" في مظاريف حمراء. وحول طاولات المأدبة، ستغير العروس لباسها

إلى ثوب تشيباو (فستان تقليدي على طراز تشينغ)، أما العروسان فيتناولان "جياوتسي" (طعام صيني تقليدي) معدا سلفًا متمنيان حياة طويلة وحبًا وسعادة أبديين وولادة مبكرة لطفل سليم وما إلى ذلك.

الفصل الثالث: أسرار اللغة في كلية بكين الدولية لتعليم الصينية

في منتصف شهر مارس كان علينا أن ننتظم في الدراسة بكلية بكين الدولية لتعليم اللغة الصينية "BICC"، وهي معهد يقدم للدبلوماسيين الأجانب الذين يعيشون في بكين دروسًا في مبادئ اللغة الصينية كي يستطيعوا التعايش مع الحياة والتعاملات اليومية، مثل الأرقام والعبارات العادية مثل صباح الخير وبكم هذه، وهكذا.

حقيقةً لقد شعرت بالإحباط، لقد شعرت أنني لو قضيت عمري كله لن أستطيع إتقان تلك اللغة أو رموزها، فالعمر قد فات منه الكثير ولم يعد هناك قدرة على الاستيعاب مثلما كنت في العشرينات أو حتى وقت الدراسة الجامعية، سألت "بان لاو شي" عن عدد حروف اللغة الصينية، فصدمتني بأنها ليست حروفا ولكنها رموز يجب أن تكون دقيقة وأن ترسمها لأن لو اعوجت يدك قليلا قد تجد نفسك رسمت رمزا آخر بمعنى مختلف، لقد أشفقت على الصينيين وقتها وقلت لها: معلمتي "بان لاو شي"، إن لغتكم هذه أصعب لغة في العالم، ولأنها كانت خفيفة الظل مبتسمة دائمًا،

فقالت مثلما يناديني أصدقائي: حبيبي، لغتكم العربية هي الأصعب فلدينا في الصينية قواعد سهلة جدًا وغير معقدة، لكن المشكلة في الرموز، وأيضًا هي اللغة التصويرية الوحيدة في العالم حاليًا، فقلت لها متعجبًا: وكيف ذلك واللغة اليابانية والكورية تحتوي على رموز أيضًا؟ فقالت: نعم حبيبي، وهناك لغات أخرى تحتوي على رموز ولكن يضاف إليها أبجدية الحروف وهذه البلاد كانت خاضعة للصين من قبل وحتى وقت قريب، كانت تستخدم اللغة الصينية المبسطة. فقلت لها: وضحي أكثر من فضلك، فقالت: اللغة التصويرية تختلف عن الحروف الأبجدية بمعنى أن الصينيين القدامى استحوا رموز اللغة من الطبيعة، فمثلا الشمس والشلال والماء والمنزل والسماء والنار كلها أشياء جسدوها برسوم كروكية واتفقوا على أن هذا الرمز يعني الشمس وهذا يعني القمر وهذا يعني إنسان وهكذا، ثم تطورت الحروف بمرور الزمن حتى وصلت لشكلها الحالي، قلت لها: أنا فهمتك تمامًا فاللغة المصرية القديمة كانت كذلك رموز معبرة عن الطبيعة وكانت تكتب بعدة خطوط بدأت بالخط الهيروغليفي، ثم تم تبسيطها إلى الديموطيقي ثم الهيراطيقي وأخيرًا القبطي في أواخر عهد الدولة القديمة، والأخير مستخدم حتى الآن في الكنائس والأديرة، مكان عبادة إخواننا المسيحيين الأرثوذكس في الترانيم والصلوات اليومية والإنجيل نفسه مكتوب عندنا بهذه اللغة، لكن للأسف في عهد الاحتلال اليوناني تغيرت اللغة الرسمية في مصر إلى الإغريقية اليونانية. ثم جاء الفتح الإسلامي لكي تتغير إلى اللغة العربية، لكي تندثر اللغة المصرية القديمة ويقتصر

استعمالها فقط على الكنائس ولأهداف دينية، فقالت لي: هذا مثل الصينية ولكن لأنها كانت تشكل عائقًا في التعليم، فقد تم تبسيط اللغة للشكل الحالي بمرور الزمن وتعتبر "الماندرين" هي الكتابة والنطق الأغلب في الصين، وهناك طرق أخرى يتحدث بها بعض الصينيين في الجنوب مثل "الوو" و"المين"، فقلت لها: كم عدد الرموز تقريبًا؟ قالت هو عدد غير محدود لأنه مرتبط بقدر الكلمات التي يستخدمها الناس العاديون، فمثلا عندما ينهي الطالب الدراسة الجامعية فيكون قد أتم حفظ ٦ آلاف رمز، وإذا استكمل مشواره في الماجستير والدكتوراة من الممكن أن يصل إلى ١٠ آلاف رمز، وهو ما يطلق عليه "الأستاذ"، لكن أكثر من ذلك لن تجد في عصرنا الحديث من يستطيع الإلمام بأكثر من هذا الرقم.

الفصل الرابع: تذوق الثقافة الصينية

يوم ٦ إبريل، وهو اليوم الذي تحتفل فيه الصين كلها بعيد "تشينغ مينغ"، وهي المناسبة التي سهلت لنا الاحتفال بها "كلية بكين الدولية لتعليم اللغة الصينية BICC"، فكما قلت سابقًا لم يقدم لنا هذا المكان تعلم اللغة فحسب لكن أيضًا جعلنا نتذوق الثقافة الصينية في الأعياد والمناسبات المختلفة، حقيقةً في هذا العيد لم أشعر أنني في مكان آخر غير مصر، فهناك يحتفل المصريون مطلع شهر إبريل بعيد شم النسيم ابتهاجًا بقدوم الربيع، وفي نفس

التوقيت بالصين يحتفل الناس بعيد "تشينغ مينغ" وترجمته من الصينية يعني الصفاء والنقاء، ويقوم كلا الشعبين بعادات وتقاليد مزجا فيها بين الاحتفال بقدوم الربيع وزيارة الأجداد في قبورهم، والاختلاف الوحيد أن العادة الأخيرة يقوم بها المصريون في عيدي الفطر والأضحى.

في الصين يطلق على "تشينغ مينغ" عيد كنس المقابر، وكذلك عيد الصفاء والنقاء، وتقديس الأسلاف واحترامهم ليس فحسب معتقدا صينيا تقليديا ولكنه موجود عند معظم حضارات العالم القديم، صارت زيارة مقابر الأجداد في هذا اليوم تقليدًا شعبيًا ثابتًا توارثته الأجيال عبر التاريخ، حيث يلتئم شمل العائلة ويزور الجميع مقابر الأسلاف والأجداد لتمجيد أرواحهم الطاهرة، وهناك يقوم الأهل بتنظيف قبور موتاهم ووضع أكاليل الزهور وتقديم الهدايا وبعض المقتنيات التي أحبها الراحلون في حياتهم، ثم يُظهرون احترامهم لهم بالركوع لأسلافهم.

ومع مرور السنوات اكتسب "عيد كنس المقابر" بعدًا إضافيًا بالصين، ليصبح مناسبة مهمة لإحياء ذكرى الشهداء الثوريين والأبطال الوطنيين، الذين أريقت دماؤهم لخدمة بلادهم مثل رجال الشرطة والجيش، الذين سقطوا أثناء تأدية وظائفهم في حماية أمن الوطن والمواطنين، وهي نفس العادة في مصر وتتدرج من المستوى الرسمي حيث يضع الرئيس أو من ينوب عنه إكليلًا من الزهور على قبر الجندي المجهول أو قبر شهداء الحرب سواء من الشرطة أو

الجيش، للمستوى الشعبي حيث يزور الناس العادية مقابر الشهداء الذين سطروا بطولات على أرض المعركة التي خلدت أسماءهم حتى لو لم تكن هناك صلة قرابة بينهم وبين هؤلاء الزائرين.

كما يحرص الأهل في الصين على تقديم فطائر فول الصويا المحلاة بالسكر إلى موتاهم في هذا اليوم، اعتقادًا منهم بأن هذه الفطائر تطرد الأرواح الشريرة الساكنة في أجساد حشرات وحيوانات مثل العقرب، والثعبان، وأم أربع وأربعين، والسحلية، والضفدع، وهي حيوانات يكرهها الصينيون ويتشاءمون منها، اعتقادًا بأنها غالبا ما توجد في القبور لتُقلق راحة ساكنيها، وكانوا يقدمون عشرة أطباق كبيرة من الأطعمة إلى الأضرحة، وتتضمن تلك الأطباق مختلف أنواع الطعام من اللحم والدجاج والأسماك، وكذلك زجاجات الخمر والشاي والأرز. وبينما اعتاد الصينيون ترك الطعام بجوار المقابر والانصراف بعد الانتهاء من طقوس الزيارة، أما المصريون فهم يقومون بنفس العادة لكنها توزع على الناس المحتاجين.

ويضع الصينيون أوراق النذور أمام قبر المتوفي على شواهد القبور، وهي عبارة عن قصاصات من الورق الملون الأحمر والأخضر، وما إن تُوضع أوراق النذور على الشواهد، حتى تُطيّرها الرياح، فيعرف القاصي والداني أن لمتوفي هذه المقبرة أهلٌ يَبرّونه، ثم يضعون ما يحملونه من طعام وشراب أمام المقبرة، ويحرقون أوراق النقود، ويطلقون المفرقعات، وأخيرًا يسجدون

أمام المقبرة احترامًا للمتوفي. وفي بعض الأماكن يقوم أهل المتوفي بترميم المقبرة في ذلك اليوم، أو يضيفون حفنات من التراب على شاهد المقبرة، فيما يقوم المصريون بتنظيف المكان أمام المقبرة والذي يطلق عليه "حوش" في حالة المقابر الكبيرة، ويزرعون نباتات جديدة غالبًا ما تكون أشجار الصبار والصنوبر والورد التي تتحمل العطش، ويرشون الماء أمام المقبرة حتى لا تتصاعد الأتربة عاليًا خلال سير الناس ذهابًا وجيئة أمام المقبرة وكوسيلة لتلطيف الجو الحار.

في الصين، الوجبة الرئيسية في هذا اليوم والمتوارثة عن القدماء، هي وجبة "تشينغ توان تسي" وتنتشر بشكل أكبر في الجنوب، ويتم طهي تلك الوجبة باستخدام نوع من النباتات البرية يسمى "جيانغ ماي تساو"، وبعد سحقها يتم ضغطها للحصول على عصيرها، وبعد تجفيف عصير الحبوب المبللة المجروشة بالهواء يتم خلطها جيدا مع الأرز اللزج، وبعد ذلك يتم إعداد الوجبة بعد حشوها بالسكر الناعم، وبعد أن تعد جيدا، يتم إدخالها في القدر بالبخار لتنضج، وبعد خروجها من القدر بالبخار يتم استخدام الفرشاة لتغطية سطح الـ"تشينغ توان تسي" بزيت الخضروات الناضجة على نحو متساو، ويكون لونها غالبًا أخضر كاليشم، ويكون قوامها لينا وناعما، وتتسلل رائحتها الشهية للأنوف، وعند أكلها تشعر بحلاوتها، وهي تعد من المأكولات التي يجب إعدادها لتقديم القرابين للأسلاف في جنوب الصين.

أما الوجبة المنتشرة في الصين شمالًا وجنوبًا فهي "السان تسي"، وهي وجبة غذائية محمرة في الزيت، ذات رائحة شهية وشكل جميل، ورغم أن الصينيين القدامى عادةً ما يرفضون إشعال النيران لأي سبب خلال أيام عيد "تشينغ مينغ" وتناول الأطعمة الباردة، إلا أنها عادة لم تعد شائعة في معظم المناطق المأهولة بأبناء قومية هان، ورغم ذلك، فإن وجبة "السان تسي" تحظى بحب عميق من الجمهور، وتختلف طريقة إعدادها بين الشمال والجنوب، ففي الشمال يتم إعدادها بطريقة رئيسية من دقيق القمح، أما في الجنوب فيتم إعدادها بطرق بارعة ودقيقة، وتتكون بشكل رئيسي من القمح والأرز، أما بالنسبة للمناطق الأخرى التي تسكنها قوميات أخرى وأبرزها الويغور، فإنها تختلف في طريقة الإعداد والرائحة وإن كانت تحمل نفس الاسم.

حكاية الطعام البارد في أيام عيد "تشينغ مينغ" لها قصة أسطورية، فيقال إنه في عهد الإمبراطور "جين ون قونغ"، بفترة الربيع والخريف، تعرض للاضطهاد قبل اعتلائه العرش، وذات يوم فقد وعيه من شدة الجوع والعطش، فلم يجد أتباعه ما يقدمونه لإنقاذه، فقام أحد المخلصين له واسمه "جيه تسي توي"، بقطع قطعة من لحم فخذه لينقذه من الجوع، وبعد مرور ١٩ عاما، عاد "جين ون قونغ" من منفاه ونجح في اعتلاء العرش، وكرّم كل من صمد بجانبه بمناصب رفيعة، إلا "جيه تسي توي" الذي نسيه، لكن بمجرد أن تذكر الإمبراطور هذا الأخير، أرسل لطلبه وتكريمه،

فرفض وهرب للجبال فأمر الإمبراطور بالبحث عنه وإشعال النيران في الجبال حتى يضطروه للخروج، لكنه لم يخرج وفضل الموت محترقا مع والدته، وحدادا على هذا البطل الذي اختار الموت على المنصب الرفيع، صار الناس يمتنعون في ذكراه عن إيقاد النيران فيأكلون أطعمتهم الباردة لأنه اقتطع من لحمه لينقذ الإمبراطور من الموت جوعًا، فيما بعد عُرف بـ"مهرجان الطعام البارد"، والذي لا يفصله عن عيد "تشينغ مينغ" سوى يوم أو يومين، ولهذا دُمِجت المناسبتين تدريجيًا، حتى أصبحتا يومًا واحدًا، فاختفى اسم مهرجان الطعام البارد، لكن تناول الطعام البارد أصبح تقليدًا أساسيًا لفترة كبيرة من الزمن في عيد "تشينغ مينغ".

خاتمة

عزيزي القارئ كتاب «رحلة في صحبة التنين - يوميات صحفي مصري في الصين» هو جزء من خلاصة تجاربي وخبراتي في الصين. والصين بالمفهوم الواسع أقدم حضارة في التاريخ متواصلة منذ القدم حتى عصرنا الحديث، فهي تقدس السماء بشكل أساسي، وتعتبر أن حاكم الأرض الحقيقي هو إمبراطور السماء ويرمز إلى الإله في الديانات السماوية وغيرها، ويخلفه في الأرض إمبراطور يحكم الشعب كنائب عن إمبراطور السماء، يوصف بأنه ابن السماء وظل إمبراطورها في الأرض، وأن الكوارث الطبيعية من زلازل وبراكين وعواصف وفيضانات سببها عن غضب السماء بسبب عصيان شعب الأرض وارتكابهم الذنوب. ومن منطلق الإيمان الكبير بالسماء تشكلت العقيدة الصينية على مر العصور وطريقة تعاملات الناس بينهم وبين بعضهم والآداب العامة التي سطرها الفيلسوف كونفوشيوس في كتبه الكلاسيكية القديمة، والتي لا تزال تمثل حتى الآن المرجع الأخلاقي والأدبي لكل مواطن صيني، حتى أن توجهات ومعتقدات ما بعد الثورة وإعلان جمهورية الصين الشعبية لم تلامس إلا القشرة منها فقط، لكي تعود البلاد لسابق عهدها مع

عصر الإصلاح والانفتاح بتطبيق "اشتراكية على الطريقة الصينية" والتي تعني في الأساس الحفاظ على المعتقدات والعادات والتقاليد والتعاملات والأخلاق المتوارثة التي تحض على الفضيلة والإيثار.

جانب آخر دفعني لاختيار اسم الكتاب، هو أن الصين حاليًا تتربع على عرش الاقتصاد العالمي بشكل فعلي، وإن كان الواقع يقول إن اقتصادها يأتي في المرتبة الثانية، وقد يؤدي نموها المتسارع لإنهاء سيطرة نظام "البترودولار" على السياسة النقدية العالمية ومنظومة الاقتصاد الدولي وتربعها على عرش العالم في وقت قريب. لذلك مثل لي السفر إلى الصين كالسفر إلى السماء أيضًا.

يضم الكتاب يومياتي في الصين، وحكايات وأسرار وثقافات وعادات وتقاليد الصينيين في مناطق مختلفة.

هناك لمست حبًا لدى الشعب الصيني لوطنهم كما لدى المصريين تمامًا، وهذا الحب لا يقتصر فقط على محبة الوطن، بقدر حبه الجم لحضارته الرائعة. فالوطنية الصينية تضم نهر اليانغتسي والنهر الأصفر وقمة جومولنغما؛ و«كتاب الأغاني» الصيني، ومختارات «شعر تشو»، وشعر أسرة تانغ، وشعر "تسي" في أسرة سونغ، وأوبرا أسرة يوان، وروايات أسرة مينغ وتشينغ؛ ويحب الشعب الصيني "تشيوي يوان" و"لو شيون" و"يويه في" و"ون تيان شيانغ" و"ماو تسي تونغ"؛ ويحب أيضًا الصينية الفصحى، ولهجة سيتشوان، ولهجة قانغدونغ، ولهجة شانغهاي. وسور الصين العظيم،

والمدينة المحرمة ببكين، والمناظر الطبيعية في "قويلين"، وضريح الإمبراطور الأول "تشين" في شنشي، وطعام سيتشوان، وطعام قانغدونغ، وطعام شاندونغ، وطعام هواييانغ؛ والبحيرة الغربية وسحر "هانغتشو"، وحقول شاي "هوانغشان ماوفنغ"، وشاي "ووي"، وشاي "بي لوهتشون"؛ وقصص «حلم القصور الحمراء» و«ثلاث حارات من أزهار البرقوق»، و«جبال عالية ومياه متدفقة»، و«ينبوعان يعكسان القمر»، و«ليلة القمر والزهور على النهر في الربيع»؛ كما يحبون الدور الرباعية الصينية في بكين (سيخهوان)، ومباني قوانغدونغ، ومباني طراز هوي، والمنازل الشعبية في جنوبي نهر اليانغتسي؛ وأوبرا كون وأوبرا بكين وأوبرا قانغدونغ وأوبرا هوانغمي؛ ولا ينسى انتفاضة "نانتشانغ"، ومعركة "بينغشينغقوان"، والمعركة الدموية في "تاي إرتشوانغ" ومقاومة الاحتلال الياباني وحرب الأفيون الأولى والثانية وحرب مقاومة أمريكا ومساعدة كوريا؛ وقد امتلكوا القنبلة النووية والقنبلة الهيدروجنية والقمر الصناعي، ونظام "بايدو" للملاحة بالأقمار الصناعية، والمركبة الفضائية "شنتشو"، والقطار فائق السرعة؛ ويثابر على تعاليم "لا تفعل في الآخرين ما لا تريد أن يُفعل معك"، و"كل المواطنين إخوة"، و"ضع الوطن في القلب، وضَعْ العالم أمام عينيك" وغيرها. فهذه هي الوطنية العظيمة المتسامحة للغاية والتي تحمل بين طياتها التطلعات الشخصية والمشاعر الإنسانية.

بعد عام من وجودي بالصين، لم أعد قلقًا بشأن الدين مثل

كثيرين انتباهم هاجس افتقار الصينيين للمشاعر الدينية. لكن في الواقع، سيعرف أي شخص مطلع قليلًا على تاريخ العالم أن الصراعات الدينية في تاريخ البشرية قد أدت لحروب لا حصر لها، والصراعات بين مختلف الطوائف المسيحية وبين المسيحية والإسلام لها تاريخ يرجع لآلاف السنين، مما أدى لعدد لا يحصى من الفواجع البشرية. ولا زالت هذه الصراعات مستمرة حتى اليوم بأشكال مختلفة. لا يعتنق عامة الصينيين الأديان المختلفة، لكني أرى أن الثقافة الصينية والمعتقدات الدينية متأصلة في اللغة الصينية المكتوبة. فطالما أن الصيني قد تعلم اللغة الصينية، وأتقن الاستماع والقراءة والكتابة، واستطاع استخدام مائة أو مائتين من الرموز الصينية، فستذوب العناصر الأساسية للثقافة الصينية في دمه بالتأكيد، ذلك لأنه تعلم العديد من المبادئ الأساسية للسلوكيات والتفاعل داخل المجتمع، مثل معاملة الناس بلطف، وكسب الرزق بعرق الجبين، وإدارة شؤون البيت بنشاط واقتصاد، وعدم الكسل في الدراسة، والمكافحة بجلد من أجل التقدم، الوحدة خلال المصائب، وغيرها. وعندما تأخذ جولة حول دول العالم، ستعرف مدى قيمة هذه المبادئ الأساسية للثقافة الصينية، حيث تفتقر ثقافة الكثير من شعوب العالم إلى مثل هذه المبادئ الأساسية. ونتيجة لذلك، تفشت جرائم العنف ولم تتحسن التنمية الاقتصادية. فما يتعين علينا فعله هو دفع القيم التقليدية المتميزة بالصين من خلال تعليم اللغة والثقافة الصينية، لجعل المجتمع الصيني أكثر دفئًا وعلوًا.

图书在版编目（CIP）数据

龙的国度：一个埃及记者的中国纪行：阿拉伯文/（埃及）马哈茂德·赛义德·迪亚卜著. --北京：外文出版社，2022.1

ISBN 978-7-119-12900-6

Ⅰ.①龙… Ⅱ.①马… Ⅲ.①中国—概况—阿拉伯语 Ⅳ.①K92

中国版本图书馆CIP数据核字（2021）第224640号

出版策划：王 洋
阿文编辑：杨少军 米 兰
阿文审定：王 复 杜 忠
责任编辑：刘倩雯
特约编辑：张 杨
内文设计：谢锡朋 余 晋
封面设计：一瓢文化·邱特聪
印刷监制：章云天

龙的国度——一个埃及记者的中国纪行
[埃及] 马哈茂德·赛义德·迪亚卜 著

出 版 人：胡开敏
出版发行：
外文出版社有限责任公司（中国北京百万庄大街24号 100037）
http://www.flp.com.cn
电 话：008610-68320579（总编室）
008610-68996094（编辑部）
008610-68995852（发行部）
印 刷：北京虎彩文化传播有限公司
开 本：787mm×1092mm 1/32
印 张：6.25
2022年1月第1版第1次印刷
（阿拉伯文）
ISBN 978-7-119-12900-6
（平）
08600
